明眼看世界 · 玩遍地球
SEE THE WORLD

极地摄影

行摄世界　登峰造极

嗨，去南极，去北极！

HI, GO TO THE POLES!

陈远明　著

GUANGXI NORMAL UNIVERSITY PRESS
广西师范大学出版社
·桂林·

图书在版编目（CIP）数据

嗨！去南极，去北极！/ 陈远明著. —桂林：广西
师范大学出版社，2020.4（2023.1 重印）
ISBN 978-7-5598-2618-3

Ⅰ．①嗨… Ⅱ．①陈… Ⅲ．①风光摄影－中国－
现代－摄影集②南极－摄影集③北极－摄影集 Ⅳ．①J424

中国版本图书馆 CIP 数据核字（2020）第 026892 号

广西师范大学出版社出版发行

（广西桂林市五里店路 9 号　邮政编码：541004）

网址：http://www.bbtpress.com

出版人：黄轩庄

全国新华书店经销

珠海市豪迈实业有限公司印刷

（珠海市香洲区洲山路 63 号豪迈大厦　邮政编码：519000）

开本：787 mm × 1 092 mm　1/16

印张：18.25　　字数：344 千

2020 年 4 月第 1 版　　2023 年 1 月第 2 次印刷

定价：86.00 元

如发现印装质量问题，影响阅读，请与出版社发行部门联系调换。

序
Preface

南极，北极，地球之巅，远在天边，曾经感觉遥不可及！

我一直把周游世界当作一生的梦想，梦想需要实践才能实现，因此，旅行渐渐成为我生活的常态。

我的旅行从亚洲开始，亚洲之后是欧洲、北美洲、大洋洲、非洲、南美洲、南极洲。欧洲和北美洲的现代城市文化源远流长，经济繁荣，历史悠久。这些旅程，让我眼界开阔，无时无刻不在感慨物质文明带来的人类进步！然而在城市之外，延绵的纳米布沙漠，巍峨的喜马拉雅雪峰，一望无边的马赛马拉草原，轰轰隆隆的尼亚加拉瀑布，非洲戈壁划破星空的流星，好望角夜空中的银河……大自然的鬼斧神工，奇妙得让我心灵震撼，魂牵梦绕！

但这一切，都敌不过地球两个极点带来的致命诱惑，那就是南极和北极！

由于我对海的敬畏和对晕船的恐惧，南极和北极曾经是我敬而远之的地方。我曾经乘坐20个小时的补给船从海南文昌到西沙的永兴岛，晕船晕得我天昏地暗，晕到我在永兴岛唯一的招待所躺了3天。一直躺到补给船回程，回到家，天旋地转又是3天才缓过神来！去南极、北极动辄十几天的海上航程，想想都恐怖！

机缘巧合，我与旅行家林建勋相识，共同的旅行爱好让我们相谈甚欢。谈及我不敢涉足的南极、北极旅行，他告诉我他的德迈旅行社就有南极、北极的行程。现代的高级游轮在大海航行中有先进的稳定平衡系统，十分平稳，遇到大风大浪时，虽然一些人仍会有晕船现象，但完全可以接受。我去了1次南极后，一发不可收拾，相继又去了2次南极和4次北极！

被冰雪加冕的南极大陆、北极冰川，专为宁静而生，为人们提供了灵感、冒险和观察世界的新角度。野生动物自由漫步，冰川撞击沉入大海，鲸就在船边跃出水面。地球最神秘的两极之行，留下了对我来说如同瑰宝般的无数回忆和照片。每一次极地旅行，都注定是一趟终生难忘的经历。现在极地探险已经成熟、便利，于是，我着手将回忆和照片整理成书，分享给和我一样有着各种旅行梦想的旅行者。每个人感受到的两极之美都不尽相同，你想看到什么样的两极？

我编写这本书，有我的故事，我拍的照片，给即将启程的旅行者的建议、攻略……笔墨和镜头都是有限的，两极的纯净壮阔之美却是无限。

南极、北极，地球之巅！远在天边，近在眼前！

陈远明

于海口

目 录
Contents

一对白眉企鹅"情侣"在南极半岛的一座冰山上享受美好的傍晚

一只王企鹅迈着绅士般的步伐在海边悠闲地散步

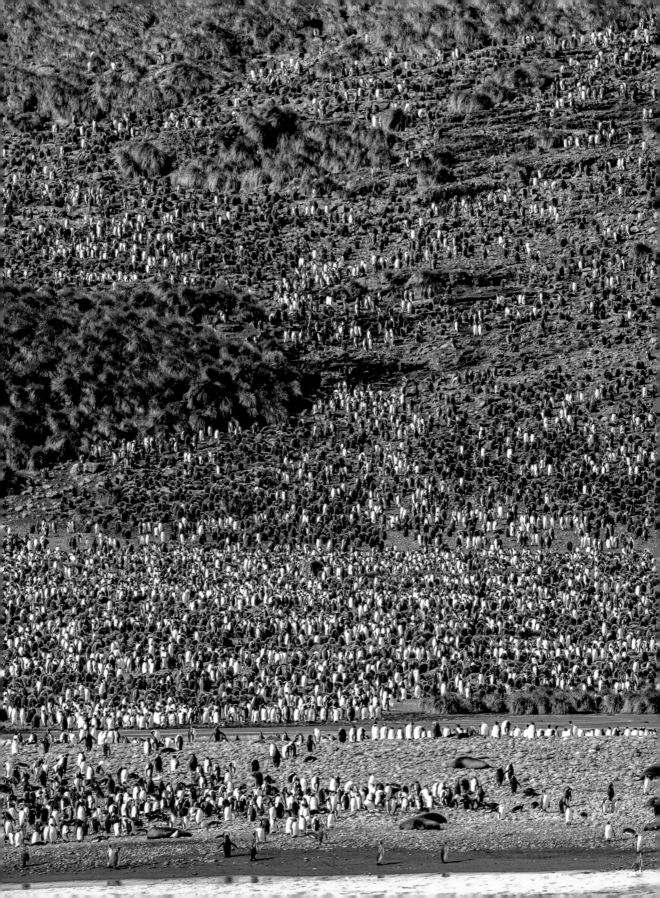

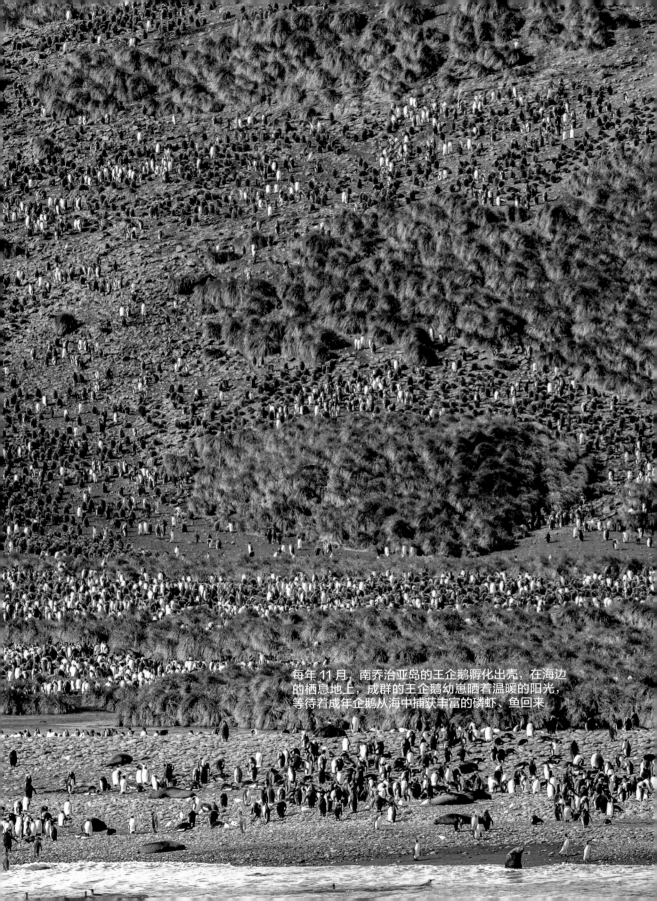

每年 11 月，南乔治亚岛的王企鹅孵化出壳，在海边的栖息地上，成群的王企鹅幼崽晒着温暖的阳光，等待着成年企鹅从海中捕获丰富的磷虾、鱼回来

南级半岛的海面上，一群白眉企鹅在一座巨大的浮冰凹槽里活动

在南极半岛的峡湾海面上，一群白眉企鹅把肚皮吃得鼓鼓的，急匆匆地赶回去反哺自己的孩子

南极半岛的欺骗岛海边，四只白眉企鹅顶着大风、暴雪艰难地登上滩涂

南极半岛的夏季十分短暂，一只象海豹
正在海滩上享受温暖的夏日阳光

一只公象海豹的体重可达 20 吨，与其他公象海豹决斗胜利后成为王者，享有整个象海豹族群的交配权。这只公象海豹发出震耳欲聋的嘶吼，彰显自己的王者风范

一只座头鲸在南极半岛宽阔的峡湾中遨游。成年座头鲸的体重可达 40 吨，一年要吃掉约 900 吨鱼虾

傍晚，金色的阳光照射在海面的浮冰上，形成一座座壮丽的金山

"五十年胜利号"核动力破冰船是俄罗斯军方列装的军舰，是全球威力最大的破冰船之一，可以在4米厚的冰面上行驶，船长是一名少将。这是我们乘坐随船直升机升空拍摄的正在进行的破冰船

两只成年的北极熊悠闲地行走在加拿大丘吉尔的苔原上

在寒冷的北极圈里，冰雪常年覆盖，但是鸟类仍然可以找到食物，并在极寒的环境中生存下来

傍晚，金色的阳光照射在北极法兰士约瑟夫地群岛的海面上，如同给海面铺了一层碎金，金光闪闪，颇具意境

乘坐民航班机从空中游览南极是最高效、最舒适的南极旅游方式之一。从悉尼起飞4小时航程就可抵达南极圈，再用4小时巡航，观赏壮丽广阔的南极大地，最后经过4小时的返程，就完成了南极之旅。

PART 1
征服南极

南极远在天边，近在眼前！
去南极一直是人类的梦想，
依托现代科技的发展，经济的繁荣，交通的便利，
现在去南极就像普通旅行一样轻而易举。

第一节　人类征服南极的艰难历史

· 越过南极圈

1772 年，英国詹姆斯·库克（James Cook）船长接英国海军部的指示，率领船舰"决心"号和"冒险"号去证实传说中的南极大陆是否存在。当 10 月 30 日到达南非开普敦（Cape Town）时，库克船长得到了马里恩地区和克罗泽群岛、凯尔盖朗群岛被发现的消息。1773 年 1 月 17 日，库克船长首次跨过南极圈。他们迎着坚硬的流冰，最终南下到南纬 71° 10′。他发现许多陆地或岛屿和南极大陆没有任何联系，还探索出了一条到达马里恩地区和克罗泽群岛、凯尔盖朗的新航线；并在南乔治亚水域发现了数量众多的海豹。库克船长还是第一个注意并实际应用新鲜酸橙汁防治坏血病的人，这对当时的航海探险来说具有重大意义。

· 南纬 74° 15′ ~ 78° 4′

库克船长发现的海豹，吸引了许多美国和英国的海豹猎手纷纷前往捕猎，一些人的捕猎之行带来了新的地理发现。其中，英国的航海家詹姆斯·威德尔（James Weddell）即是乘坐一艘海豹捕猎船进行探险的。1823 年，威德尔如愿以偿，南下到南纬 74° 15′ 处，打破了库克船长的记录。那片海域就是我们今天所称的威德尔海（Weddell Sea），当时还是不结冰水域。

1839 年 9 月，英国海军将领詹姆斯·克拉克·罗斯爵士（Sir James Clark Ross），率领船队从英格兰出发，到 1841 年的一天，他们穿越了南极圈。罗斯爵士驾驶着坚固无比的"埃里伯斯"号（Erebus）驶进了浮冰，驶向了南极的广阔海域，罗斯到达的这片海域后来被命名为罗斯海。他们继续南行，1 月 28 日，发现两座山峰屹立在一座小岛上，这两座山峰就是活火山埃里伯斯山（Mount Erebus）和特罗尔山（Mount Terror），后来，第二位到达南极点的斯科特船长将这座岛命名为罗斯岛。在南纬 78° 4′ 处，罗斯船队遇见了一座几乎不可逾越的冰障，其顶部看起来异常平坦，且整座冰障没有一处缺口，后来这座冰障被命名为罗斯冰障。罗斯船队没有发现穿越冰障的路线，并且由于季节已晚，不得不掉头返回。1842 年 2 月 22 日，罗斯船队再次接近冰障，他们沿着冰障向东前行，罗斯留下了"有陆地出现"的记录。就是在这个区域，60 年后的斯科特船长发现了爱德华七世地。虽然罗斯最终没有发现南磁极，但他却成功开辟了前往南极的道路。

· 南纬 82° 17′ ~ 88° 23′

20 世纪初，南极探险事业飞速发展。英国派出了"发现者"号（Discovery），这艘船装备精良，船员也是最佳人选。他们不仅登上了南极陆地，还在南极过了冬，并且他们过冬的纬度比先前任何探险队的都要高。1902 年 11 月 2 日，南极的春天终于来了，探险队开始使用一路搭建补给站的方式向南极腹地挺进，并最终由总指挥罗伯特·F·斯科特船长（Captain Robert F.Scott）、欧内斯特·沙克尔顿爵士（Sir Earnest Shackleton）和外科医生威尔逊（Dr. Wilson）三人踏上探索南极的最后一段征程。12 月 30 日，他们到达了此行的最高纬度——南纬 82° 17′。

1907 年 8 月，沙克尔顿爵士再赴南极，这一次的目标是要到达南极点。1909 年 1 月，经过一路艰苦卓绝的努力，他和他的队员亚当斯（Adams）、马歇尔（Marshall）、怀尔德（Wild）最终将亚历山德拉女王（Queen Alexandra）的旗帜插在了南纬 88° 23′、东经 162° 的位置上。沙克尔顿取得了南极探险中一项了不起的成

就，当时几乎全世界的电报机都参与了这一消息的传送。最后由于供给短缺，他们才不得不踏上返程。

· 到达南极点

沙克尔顿一行打通了去南极点的大半段道路，绘制了维多利亚地的南海岸地图，发现了南磁极，采回了极有价值的各种标本，最远到达南纬88° 23′，离南极点只有156千米，探险成就斐然。被老部下赶超的斯科特决心要成为到达南极点的第一人，同时斯科特也接受了英国皇家地理协会布置的许多科考任务。1911年11月1日，在南极度过了漫长的冬季后，斯科特的探险队从营地出发。他们带着西伯利亚矮种马、狗、摩托雪橇和人拉雪橇出发了，但才经过几天的行程，摩托雪橇全都变成了一堆毫无用处的废铁，西伯利亚矮种马的表现也不像预期那么好，由于斯科特选择的路线要登上一座大冰川，所以狗的作用也没有发挥出来。加上坏天气不断困扰着斯科特一行人，1912年初，应该是南极夏季最暖和的时候，他们却遇到了"平生见到的最大暴风雪"。斯科特一行人从最先开始的30人，一路上建补给站，做科考，采集标本，在到达南纬87° 43′的时候，最终由斯科特宣布选五人冲刺南极点。然而他们所有的装备设施都是为最终四人冲刺南极点准备的，五人组不仅降低了行进速度，也导致了后来返程的补给困难。但是无论遇到了多少困难，1912年1月18日，斯科特等五人忍着暴风雪、饥饿和冻伤的折磨，终于以惊人的毅力到达了南极点。然而，令斯科特沮丧的是——已经有人来过了！千万年来人迹未至的地球南极点，竟然已经被人捷足先登了。被沮丧情绪笼罩着的斯科特在日记中写道："历尽千辛万苦、风餐露宿、无穷的痛苦烦恼——这一切究竟为了什么？还不是为了这些梦想？可现在，梦想就这样破灭了。""所有的梦想都消逝了，上帝啊，这是一个多么可怕的地方！我们为之苦苦拼命却得不到优先的回报！"士气低落的他们在1月19日踏上了1 300千米的漫漫归途，斯科特怀着不祥的预感在日记中写道："回去的路使我感到非常可怕。"其实，只要他们不偏离自己原来的脚印，不错过事先设置的补给站就不会有

我们乘坐游轮抵达南极半岛峡湾，换乘随游轮携带的快艇，在探险队员的带领下登岛

太多的意外。然而后来的学者发现，1912 年 2 月斯科特遭遇了几十年不遇的低温，这是不幸的小概率事件。他的队员相继离他而去，3 月 20 日，异常凶猛的暴风雪让他们不得不扎下最后一个营地，之后连续 9 天，他们无法离开帐篷，没有食物，燃料也已经耗尽，气温却逼近 -40 ℃。斯科特和他最后的两名队员仍然在小小的帐篷里同死亡斗争了 8 天，然而任何希望都破灭了，奇迹已经远离，3 月 29 日，他们各自爬进睡袋，等待死神的来临……

比斯科特早一步，第一个到达南极点的人是谁呢？这是一位挪威人，名叫罗阿德·阿蒙森（Roald Amundsen）。阿蒙森出生在挪威奥斯陆附近，挪威有一半的国土都在北极圈内，所以阿蒙森最初的目标并非南极点，而是北极点。只是正当他致力于组织一次到北极点的探险活动并准备出发时，突然传来美国人皮尔里已经到达北极点的消息。这本来意味着阿蒙森所有梦想的破灭和努力付诸东流，但是阿蒙森却毫不犹豫地采取行动，迅速决定改变探险方向，朝南航行。"我做出了一个明智决定：将最初的北极探险计划推迟一两年，以便在此期间，继续筹措所需资金。极地探险中，人们普遍关注的北极探险问题已经解决。如果现在想引起公众对我的探险计划的兴趣，我只有一个选择，那就是探索南极大陆。这是人类探险活动尚未解决的最后一个大难题。"不过，即使阿蒙森已经下定决心，但是他表面依旧不动声色，所有媒体以及他的探险队员仍然以为他是为了北极探险奔忙。直到他的"前进"号到达非洲马德拉群岛时，阿蒙森去当地邮局给斯科特拍了一份电报"我也要去南极"，随船的探险队员才知道他们的目的地是南极点，可是斯科特已经比他早走了 2 个月。这场关于南极点的竞争，就像一位睡美人在等待斯科特、阿蒙森献上那个唤醒她的吻。

阿蒙森相信自己能够比斯科特快，首先他的目标更明确、更单纯——一切都为了到达南极点，科考不作为很重要的一部分。所以他们在入冬前就设置好了 3 个补给站（最远的一个在南纬 82°）这 3 个补给站里储存有 3 吨多重的物资。等到南极春天的第一缕阳光到来之后，他们就迫不及待地出发了。他们从南纬 82°开始，每隔 5 千米便堆一个圆锥形的雪堆作为回程的路标，为了回程的需要，每隔一个纬度设置一个补给站，一步一个脚印向南极点进发。从南纬 82°到南极点，他们的任何必需品都得靠狗和雪橇携带，因此在交通工具的选择上，阿蒙森使用爱斯基摩犬帮助他获得了巨大的成功。他在《南极探险记》中详细地描绘了他们怎么把狗运到南极，如何训练狗，每只狗的性格如何，如何给狗分配任务，甚至还谈到了他们痛苦地选择宰狗的经历。这些爱斯基摩犬，由最先开始的 100 只，一度繁衍到 116 只，最后只剩 11 只同阿蒙森回到挪威。

除此之外，阿蒙森和他的队友们还准备充分，训练有素，制订了周密的计划，甚至连午餐也做了特别的安排。他们总是每天用早餐时就把中午的饭菜热好装在保温瓶里，这样他们中午就可以节约 1 个小时；而斯科特需要扎营生火，午餐要多花 1 个小时。当然装备也必不可少，在准备南行和在南极越冬期间，阿蒙森和他的队友花了很多时间对装备进行改进，甚至发明了很多东西，从狗皮袜子、驯鹿皮衣、海豹皮靴、内衣裤，到面罩、睡袋、防雪护目镜、雪橇犬挽具，特别是改进雪橇，这一努力使他们得到了更好用的工具，真可谓"工欲善其事，必先利其器"。阿蒙森说："我的描述可能会开阔一些人的眼界，对像我们这样的探险队而言，准备装备的工作并不是一两天的事。要想成功完成这样的探险任务，单单有钱是不够的——虽然钱是必不可少的——最重要的是要看这个探险队如何装备，如何预见一个个困难，如何应对困难或者避开困难。机遇总是留给有准备的人，这就是我们所说的运气；而失败总是会落在疏于防范的人身上，这就是厄运。"

1911 年 12 月 14 日早上，"天气达到最佳，就好像是为迎接到达极地的人而特意准备的一样。我不太确定，但是相信那天的早饭我们吃得比平常要快很多，然后就迅速走出帐篷……我们依次排好队，引路人、汉森、威斯廷、比阿兰德和后备引路人……下午 3 点钟的时候，驾驶者异口同声地喊了一声'停'。他们仔细地检查了各自的雪橇计，都显示出距离到了——根据推算法到达了极点。目标到了，旅行结束了。我不能说——尽管我知道这样说听起来更加有力——我人生的目标达到了。这样听起来虽然浪漫但是有点露骨。我必须承认并坦率地说，此刻世界上也许没有人跟我的梦想一样有如此大的反差。北极地区——是的，北极——自小便吸引着我，而此刻我却在南极。你能想到比这更颠覆的事吗？"

"我们推算此刻我们就在极点。当然，我们每个人都清楚我们并没有站在精准的极点位置；时间和我们所用的仪器都无法确定精确的位置。但是我们离那点很近，哪怕只有几英里之遥，也至关重要。我们打算绕营地一圈，半径为 12.5 英里（20.1168 千米），这样做应该就可以了。停下来之后我们聚集在一起互相祝贺。我们有充分的理由对我们所取得的成绩表示相互尊重，我想那种感觉就表现在我们有力而坚定的握手中。之后我们开始了整个旅行中最伟大、最严肃的事情——插国旗。当国旗'啪'的一声随风展开舞动在极地上时，我们五人凝视着它，充满了自豪感和亲切感……五个历经沧桑的冻伤的拳头紧紧地握着旗杆，把飘扬的国旗举起来，固定在地理南极，它是第一面固定住南极点的旗帜。"阿蒙森和他的队员在南极点度过了 3 天，在连续进行 24 小时的太阳运行观察后，于 12 月 18 日离开。回程非常顺利，1912 年 1 月 25 日，阿蒙森等 5 人全部返回营地，这个日子与他 3 年前计划的"这样，我们将在 1 月 25 日从极点返回基地"一天不差，是巧合也是奇迹。

在南极半岛的海面上，几只企鹅在浮冰上休息，浮冰不仅是企鹅休息落脚的地方，还是它们躲避海豹、杀人鲸捕食的安全岛

斯科特是一位科学探险的领导，而阿蒙森组织了一次快速而有效的探险，他们在 1 个月内先后到达南极点，书写了人类南极探险史上的光辉历史。为了纪念他们，美国将 1957 年在南极点设立的科学考察站命名为阿蒙森—斯科特站（Amundsen-Scott South Pole Station），这个科考站也是地球长期有人居住的纬度最高的科考站。

第二节　亲近南极的两种方式

站在巨人的肩膀上，现代人再也不用花费巨大的代价才能亲近南极，南极甚至成为旅行目的地。只要你准备充分，就可以享受旅途中的种种乐趣。南极就似仙境，不管你历经了多少困难，你终将发现——这一切都是值得的。

·乘船前往南极

目前前往南极最受欢迎的方式是乘船，船一直是南极探险、考察、旅游及提供补给的最佳交通工具。现代的旅行邮轮不仅可以提供综合服务，拥有大活动空间，南极巡海更自如、更方便，也是目前赴南极旅游中安全性好、可行性强、性价比高的一种方式。

对大多数中国游客来说，想要坐船前往南极首先要从国内坐飞机到世界最南端的港口城市——"世界的尽头"南美洲乌斯怀亚。由乌斯怀亚登船航经世界上最美的比格尔海峡，约 60 海里后进入德雷克海峡，再向南航行大约 600 海里，经过 35 ~ 40 个小时的航程后就可抵达南极半岛最北端的南设得兰群岛、企鹅岛或象海豹岛。当然，游客也可以从南美洲智利蓬塔阿雷纳斯或大洋洲新西兰克赖斯特彻奇、澳大利亚霍巴特，甚至非洲南非坐船前往南极。但南非因距离过于遥远，已鲜有旅客愿意由此乘船南下。而从新西兰、澳大利亚出发可以前往威德尔海、罗斯海及东南极等地，每年仍然有 20 ~ 30 天的航程颇受欢迎。但是自此南下要前往南极的厚冰区，必须搭乘有冰级证书的真正的破冰船，配备具有冰区航行操作经验的船长和船员才可确保安全，其他低冰级或无冰级的船只不宜冒险前往。

邮轮旅行早已是欧美市场的宠儿，人们纷纷乘坐巨型豪华邮轮到达世界各地，包括南极、北极。近年来，中国高端旅游市场蓬勃发展，邮轮旅游也呈逐年增热的趋势。随着中国国民收入的稳定增长，越来越多的人有经济实力乘坐邮轮前往南极。邮轮如同一座海上移动酒店，能提供餐饮、住宿、娱乐、联谊、健身等综合性服务。若仔细核算旅游成本，包含食、住、行、休闲、娱乐、活动和高质量服务，你会发现邮轮还是各种旅游方式中性价比最高、最划算的一种。一般来说，你可直接在邮轮公司的网站上购买船票，也可通过

各地组织南极游的旅行社订票，还可以在乌斯怀亚等"最后一分钟船票"。"最后一分钟船票"是邮轮公司不愿有空舱位，所以在临出发前夕低价出售剩余船票。在乌斯怀亚的旅行社和酒店往往都贴有"最后一分钟船票"广告，如果抢到的话一般会比正常价格低三分之一。但如果没有合适的船票去南极，游客就需要在乌斯怀亚一直等待，费用自然也会相应增加。好在乌斯怀亚周边有很多去处，可做的事情很多，不会无聊等待。

南极邮轮的载客大多在 100 ~ 200 人之间，载客超过 200 人的属于大船。国际南极旅游组织协会（IAATO）对邮轮大小要求有规定，200 人以下的邮轮在极地的停靠点基本不受限制；200 ~ 350 人的邮轮受限制就多些，能登陆的地方也少些；350 ~ 500 人的邮轮登陆点只有 4 ~ 5 个，500 人以上的邮轮只能巡游不能登陆。而且根据《南极条约》规定，在某一点登陆时最多不宜超过 100 人，以免对当地动植物造成影响，带来不可挽回的损失。所以 100 ~ 200 人之间的邮轮操作十分便利、灵活，适合在南极地

区开展各种活动，而且可以更深入欣赏壮丽的冰川、峡湾，穿越狭窄的水道，在浮冰中穿梭，频繁进行登陆以及冰山之间的巡航活动。

　　通常一艘现代化邮轮分为好几层，尽管每艘邮轮设计都不同，但一般旅客设施及活动空间都有餐厅、图书馆、酒吧、报告厅、舞厅、商店、医疗室、健身房及旅客舱房等，分布在各层甲板上。无论游客居住什么客舱，都可以使用邮轮上的公共设施。只要上船，一直到下船前都不需要考虑重新打包行李、赶飞机、找餐馆及酒店等问题，彻底放松，尽情享受整个假期。试想一下，你可以在邮轮的休闲厅里随时享用热水、茶包、咖啡、酸奶、果汁、蛋糕、面包、饼干；在图书馆随时翻看南极旅游的各类画册；用电脑上网；在商店购物；在热气腾腾的按摩浴池里听涛观海，与冰山、海鸟擦肩而过；甚至还可以在面朝大海，三面都是落地窗的酒吧里流连……一般邮轮上的消费都包括在旅行社的旅行费里，无须额外支付。如有其他消费，如购物或参加南极登陆的其他自费项目，一般采用记账方式，先签单，旅行结束时再用现金或信用卡一次性结算。

邮轮上除了提供生活服务的旅客服务部门外，还有探险活动部门，为游客提供探险指导和讲解工作。探险活动部门会邀请专业的探险领队、专家学者、曾在各国南极研究站参与研究的工作人员、来自大学的教授或不同领域研究机构的学者在南极旅途中举办精彩的南极知识科普讲座，分享他们宝贵的学术知识及亲身体验，这也是南极旅游的另一份宝贵的收获。讲座的专题主要有南极的冰川、地质、火山、化石，人文、极区探险历史，野生动植物，生态、环境保护等专题。无论风浪多大、几人参加，这些活动都照例进行，邮轮公司每天晚上都把下一天行程安排和注意事项印好发到每个船舱。同时，探险活动部门还会负责登陆时游客的安全和保护登陆点的动植物及环境。

就坐邮轮前往南极的游客来说，想要登陆南极意味着必须穿越魔鬼西风带。西风带环绕南极大陆，是前往南极的必经之路。大约在南纬40°～60°，终年盛行5～6级的偏西风和4～5米高的涌浪。特别是在南纬45°～58°的纬度带上，在这里，太平洋、大西洋、印度洋相互连通，由于没有大陆阻隔，他们共同形成了环绕南极的南大洋。由于地球自转，这一区域会刮起西风，西风顺地球绕一整圈几乎没有任何障碍，于是刮得又快又烈。同时，南印度洋的暖气流洋流遇到南极的冷气流洋流，会加剧风浪的旋转，极易形成气旋，常常是一个气旋未完，另一个气旋已经生成。综合作用下，这里就成了地球上独一无二的大风浪区。7级以上的大风天气全年各月都可达7～10天。坐邮轮去南极本来有多种选择，但由于西风带的存在，距离南极最近的乌斯怀亚就成了最热门的出发港——毕竟在巨浪滔天的海水中，没有人愿意多走哪怕1海里。受西风带的影响，游客极易晕船。为了防治晕船，建议游客出发前咨询医生，携带预防药物。当然，一般邮轮上都有船医随行，也备有晕船药，并免费提供给游客。不管是吃晕船药、用耳贴或是戴穴道手环都有缓解作用，但必须要在预报遭遇风浪、预知自己将要发生晕船反应1小时前就开始服用或使用才会有效。游客还可以寻找通风透气的地方躺下安静休息，避免阅读；减少饮食，但也不要不吃，适宜吃些微酸的碳酸饮料或无花果、陈皮、蜜饯等零食以中和胃酸；保持愉快的心情，舒适的姿势，多向远处眺望。当第一座冰山出现在眼前，海面开始平静，便是邮轮已驶出西风带，南极就在眼前了。

登陆通常是最激动人心的时刻，游客终于可以和南极亲密接触了！登陆前游客外衣必须进行吸尘处理，登岛的鞋子一律由邮轮公司提供，上岛之前要经过海绵洗鞋池，邮轮上的工作人员还要用水枪冲刷游客的裤脚，以防游客将树种、花粉或从其他大陆带来的生物、细菌入侵这片原始的大陆。每次登陆游客可以游览一两小时，如果人数太多还要分组上岛，以免给环境太大压力。

西南极是目前登陆南极的热门地区，尤其是南极半岛及其周边的亚南极群岛。最常

见的航线大约有以下四条：一条是南极半岛经典路线，这条路线可到达南极附近岛屿，在南极半岛停留的四五天内至少能看到三种企鹅，三四种海豹，不同的海鸟、鱼类等，还有冰川、科学考察站等，这条路线性价比最高；一条是马尔维纳斯群岛、南乔治亚岛及南极半岛路线；一条是半全航——东南极海岸路线，从澳大利亚的塔斯马尼亚岛出发，途经凯西站、戴维斯站、俄罗斯和平站，最后回到澳大利亚弗里曼特尔；还有一条是南极全航，这一路线必须经过精心策划，包括航线规划、天气状况、登陆活动安排、食物和饮水补给、燃油补给、直升机飞行、船只维修、通信联络、紧急救助等都必须一一考虑，但如有机会参加南极全航，可称得上人生中最为难忘的一次经历。

· 乘飞机前往南极

乘飞机前往南极是一种新兴的旅游方式，比较特别，而且比较昂贵。一般由一些国家的考察站或专门机构进行组织，少数专业公司大胆开发搭乘飞机深入南极内陆的旅行路线，最大限度满足旅客挑战自我极限的需求。从南美智利的蓬塔阿雷纳斯或南非的开普敦乘坐大型运输机进入南极腹地或者南极点是目前流行的航线。

目前从智利出发的路线更成熟：由智利蓬塔阿雷纳斯乘坐俄罗斯伊尔-76运输机出发，飞行约两个半小时，飞越魔鬼西风带德雷克海峡，抵达南极半岛的乔治王岛空军简易机场，再转乘停留在那里待命的冰级船即可展开精彩的南极之旅。另一种行程是飞机在冰原起降，先抵达联合冰川基地营，之后转乘更小型的雪地飞机，经过四五个小时的飞行，尽情欣赏在南极大陆低空飞行的奇景，前往南极点。绕着南极点飞一圈，也可以说是环绕地球一周了。想近距离观察南极最具特色的帝企鹅，可以飞往海边的帝企鹅营地。如果喜欢登山，还可以前往攀登南极最高峰——文森峰。

搭乘飞机的不足之处在于南极没有设施齐全的正规民航机场，而且南极气候变幻莫测，操作公司必须检视、确认来回行程中的天气状况，以及联合冰川基地营当天是否适合飞机飞行与起降，与基地营不断保持无线电联络，等待飞行指令，飞行的不定因素太多，风险系数比乘船高许多。此外，飞机的起降也有限制，载客人数最多为70人，有时甚至需要乘坐载客量更少的机型，因此成本过高。除了载客人数外，行李件数、重量、体积都有严格的限制，给乘客带来一定的不便。尤其是摄影爱好者，有可能因为重量限制无法携带高端摄影器材。乘客最好在报名前就打听清楚各种有关规定，避免乘兴而去、败兴而归。此外，乘客还必须做好因天气因素行程可能延滞、缩短甚至取消的心理准备。行程被迫取消对每个人来说都是非常失望的，操作公司也会蒙受损失，因为他们必须在出发前计划好行程，取消后仍然要支付交通运输的费用。所以建议每位乘客出发前仔细阅读有关订位条款，自行购买旅游行程取消险或旅途中断险，以保障自身在旅游期间的权利。并且行程安排要保留很大的弹性，保持好的心态，完全配合操作方的指挥调度，预定无时间限制的返程机票，以方便灵活调整行程。南极内陆天气变幻莫测，暴风雪频繁，有时会阻碍飞机起降，但是毕竟参加南极旅游，安全是最重要的考虑。

另外，飞往南极点的乘客在抵达联合冰川基地营后，应预留一天适应南极，在基地营进行休整，适应南极寒冷的天气和高原地理环境。南极点冰层的厚度约 3 050 米，海拔 2 835 米，因为低温效应，空气较稀薄，人会有稍微缺氧的感觉。有心血管疾病或气喘者建议避免参加这种高度挑战的行程。

适用南极雪地的飞机有四种。一种是伊尔 -76TD，它有较大的承载能力与续航范围，装备有 4 台喷气式发动机，飞行高度约合 9 449 米，随机配有标准的紧急装备及南极求生设备。一种是道格拉斯 DC-3，它为空中旅行带来了巨大改变，具有短距起降的高性能、坚固、简易、多功能、宽敞等特性，能广泛用于搭载旅客、货物运送、军事及特殊任务。一种是巴斯勒 BT-67，它是由经典传奇的道格拉斯 DC-3 型改装的涡轮螺旋桨式双发动机、大型雪地飞机，用来运送团体旅客及大型货物。还有一种是德·哈维兰 DHC-6"双水獭"，这种飞机机动性强，可达性高，载客、载货能力适中，容易维修，也是目前在南极内陆旅行，包括前往南极点及威德尔海观赏帝企鹅所搭乘的主要飞机。

如果未来南极能够建设设施比较完备的机场，足以接受大型而较少受气候影响的先进机型起降，那么乘飞机前往南极还有更大的发展空间。

我们乘坐在游轮停泊在南极半岛的峡湾中

这个灯塔是大陆最南边的灯塔，号称世界尽头的灯塔。
走过这个灯塔，是嶙峋的巨石、浩瀚的大西洋，往南，
一直往南，就是南极

第三节　南极旅游注意事项

一般旅行无外乎衣食住行，南极旅行也不例外。但是去南极旅行与一般旅行略有不同，因为南极不仅是世界上最偏远、最寒冷、最干燥的地区，而且当地恶劣的生存环境、有限的设施和瞬息万变的状况随时会给行程造成不便，甚至带来风险。因此，必须在行前做好充足的准备，了解赴南极的各种意想得到、意想不到的注意事项。

· 衣

南极特殊的气候，要求赴南极所带的衣服必须以防寒、防风、防水为主。

防寒　羊绒、丝质或者合成纤维、羊毛质地的衣物是保持体温的较佳选择，穿着透气的衣物，最好穿丝质或羊驼绒的内衣保暖。原则是多穿几层，方便随时增减。还应特别注意手脚的保暖，穿着防水连指手套和羊毛混纺袜。

防风　要求面料有致密结构，经过聚酯涂层处理。

防水　选择专业的户外服装装备，防水裤是必不可少的，因为在上岸过程中可能会浸湿，防水裤可以保持干燥，并且保暖，这个很重要。衣服不只是能够短暂性防水，而

必须是不透水。南极冰天雪地，可不能把衣服打湿了。

从上到下、从里到外应准备：一顶暖和的羊毛帽（最好能遮盖耳朵）；能防紫外线的深色墨镜（绿色、褐色较佳）；口罩，让吸入南极的冷空气时不至于太冷；柔软的围巾，保护脸部和脖子；保暖、防水的手套；透气、保暖的内衣；防寒、防风、防水、不易撕破、易护理及颜色醒目的风雪大衣（一般坐邮轮前往南极，邮轮公司都会给每位旅客提供一件质量好的、适合极区户外运动的大衣）；防水长裤；几双保暖的袜子；高筒防水靴和防滑鞋；等等。

除了这些衣物外，赴南极的游客还应携带防水日用背包、晕船治疗物品、防晒霜、电压转换器、耳塞、雪地徒步手杖、望远镜、摄影器材（后面会详细叙述），最好再保留一份护照、旅行保险单据的复印件；游客还可根据自己的生活习惯带其他贴身之物。别忘了还要带上你的耐心和机智，因为南极的行程是由不可预见的天气决定的，而不是时间，所以遇到不能登陆或其他状况时一定要保持耐心；如果在南极遇到突发事件，更要保持冷静，运用机智化险为夷，确保自己的安全。

·食

中国游客总是要穿越大半个地球才能到达南极，大多数人都要历经好几天，转两三趟机才能到达"南极出发点"。有的人从法国转机，有的人从美国转机；有的人到澳大利亚，有的人到阿根廷。这一路吃的可谓是"丰富多彩"，对很多"中国胃"来说是前所未有的考验。水土不服、没有胃口、想念故乡美食等问题接踵而至，但无论如何，这些问题总会被前往南极的信仰打败。前往南极的路程从古至今都非一帆风顺，美食注定不是此行的主要收获。但是如果你接纳、享用，也会从各地美食中获得前所未有的体验。

如果是坐邮轮前往南极，大概就不用为吃的发愁了。邮轮的餐厅里有顶级厨师精心烹饪，每天有花样繁多的美味可供选择。不仅有意大利、西班牙、美国、阿根廷等各个国家的美食，还有各种牛排、羊排、水果、沙拉、点心等。当然越来越多的中国游客到来让邮轮里也少不了中国美食，中国游客可以享用到白粥、米饭、面条等中式食物。

如果是坐飞机游历南极，可在顺利到达南极点后当天即飞回联合冰川基地营，营中特聘的主厨会准备丰盛可口的美食与甜点。

除了这些世界各地的美食外，游客还可以在南极当地品尝到南极特有的南极磷虾、鳕鱼等。南极磷虾色泽鲜艳，有点透明，吃起来口感发脆，美味可口，被誉为"冷甘露"。南极磷虾营养成分极高，含有丰富的必需脂肪酸、蛋白质、维生素、微量元素及其他生物活性成分，所含钙、镁、铁等各种营养元素也比蔬菜高出多倍，特别是虾青素、甲壳素等，是迄今人类发现的含蛋白质最高的一种生物，其蛋白质质量也明显优于对虾、牛奶和牛肉。但是南极磷虾体内含有一些极为强大的蛋白质消化酶，这要求打捞上来必须尽快对其进行处理，否则它的组织很快会坏掉，不到 2 小时肉质变软，甲壳发黑。在甲板上放置超过 3 小时人类便不宜食用，超过 10 小时连家畜也不宜食用。所以一般很难在国内吃到新鲜的磷虾，但是在南极就不受限制了。前往南极的邮轮上不仅可以吃到新鲜的磷虾，而且做法多种多样，有清水煮、油炸等，还不限量供应，随便游客大快朵颐。

对需要驻扎在南极越冬的"居民"来说，由于不可能长期食用南极当地的"土特产"，冷冻、干燥、罐头食品就成了"家常便饭"。在南极，烹饪这些"家常便饭"是个挑战：由于存在火灾风险，所有的炉子都是用电的，因此需要比用煤气灶花更长的时间来煮熟东西；而且很多食物是储存在室外的，也需要很长的时间来解冻。南极条件艰苦，是个减肥的绝佳地点。因为食物有限，热量消耗又大，许多极地"居民"，特别是工作在室外的人，一顿饭即使吃掉好几块牛排也不会增重，在南极工作一个夏季减掉几十斤并不罕见。不过这些"居民"要保持维生素的补充，否则很容易患败血病。

· 住

"住"在邮轮上，有不同等级的客舱，客舱一般分为阳台套房、套房、特等舱、单人舱、双人舱、三人舱等，游客可以按照个人的喜好和经济基础决定。这些客舱有一定的内部设施、私人卫浴、外舱或内舱、舷窗大小、行李储存空间、卧床形式、整体可使用面积等区别。我们一般可以考虑避免选到船首的舱房，以免风浪大容易晕船；以船中部或船尾的位置为佳；摄影爱好者还可以考虑挑选方便进出户外甲板的舱房，发现动物或冰山时可以快速进出户外甲板，抢拍珍贵镜头。

如果说"住"在邮轮上只是为了到达南极，遇见南极，那么在南极越冬，才称得上真正"住"在南极，亲历南极。

建在南极点的美国阿蒙森—斯科特科考站就驻扎着许多"住"在南极的人。南极夏天，阿蒙森—斯科特科考站里约有250人，其中70多人是科学家，其余是后勤人员；冬季只留下50多人。科考站的主楼看起来像是星级宾馆，有专门的电脑室，可以通过卫星上网；有可容纳50人的紧急庇护室，单独配250千瓦的发电机，遇火灾时可避险；有可容纳160人的餐厅，每天供应4餐；有一个温室，种植各种蔬菜，每天供应2.5千克的色拉；还有实验室、游戏室、会议室、医务室等。科考站的水是用飞机长途运来的燃油化雪而得，这里每年要烧3 000吨的油料，夏季每周要用164吨水。据说，工作人员每周可以洗2次澡，每次2分钟。科考站平时使用一台750千瓦的柴油发电机；站里使用过的物资75%都要回收运往智利。科考站有30多个研究项目，有监测全球地震的设备，还有2台巨大的天文望远镜，这里是获得各种宇宙数据的最佳区域。

目前，中国在南极也建立了科考站，数量有4个之多，分别是长城站、中山站、昆仑站和泰山站。长城站建成于1985年2月20日，位于南极西南极洲南设得兰群岛乔治王岛南部。由中国远洋科学考察船"向阳红10"号及海军"J121"打捞救生船共赴南极建设，目的是在南极建立考察站并在南极洲和南大洋作科学考察，奠定日后在南极开展科考工作的基础。当时考察队在南极遇到了起卸物资和发电机故障等重重困难，经过多方努力才建立了长城站。现在长城站已初具规模，有各种建筑25座，建筑面积约4 200平方米，除具备先进的通信设备、舒适的生活条件外，还拥有较为完善的科学实验室，配备有供科学研究使用的各种仪器设备。每年可接纳越冬考察人员约40名，度夏考察人员约80名。

中山站建于1989年2月26日，位于东南极大陆拉斯曼丘陵。现在有各种建筑15座，建筑面积约2 700平方米，跟长城站一样提供科研人员使用的科学实验室和各种仪器设备。中山站每年可接纳越冬人员约25名，度夏人员约60名。

昆仑站于 2009 年 2 月 2 日在南极内陆冰盖的最高点冰穹 A 地区落成，主体建筑为钢结构，建筑面积为 348.56 平方米，尽管面积不大，但设施可谓一应俱全。整个建筑按照功能分为住宿区、活动区和保障区，包括宿舍、医务室、科学观测、卫星通信、厨房、浴室、厕所、污水处理、发电机房、锅炉房、制氧机房和库房等，最大限度地利用空间，既满足了各种用途的需求，又给驻站人员留出了足够的活动空间。冰穹 A 周围都是无人区，景观也极其单调，全是白茫茫的一片，给人一种与世隔绝的感觉。为了弥补环境对人心理造成的影响，考察站的室内设计与家具选用了温暖、艳丽的色彩；同时，在寸土寸金的昆仑站还"奢侈"地设计了一个近 30 平方米的多功能活动室，科考队员开会、用餐、聊天都可以。南极共有 4 个最为重要的"点"：极点、冰点、磁点和高点，美国、俄罗斯和法国分别在前 3 个点建立了科考站，仅剩南极内陆冰穹 A 尚属"空白"。冰穹 A 是南极内陆冰盖海拔最高的地区，也是地球上环境最严酷的地方，被称为"不可接近之极"，在冰穹 A 地区建立中国内陆科考站具有重大的战略意义。冰穹 A 地区是国际公认最合适的深冰芯钻取地点，在那里还可以监测和检测到全球平均本底大气环境，得到可用于改进全球大气环流模式的有关参数。此外，冰穹 A 位于臭氧层空洞中心位置，是探测臭氧层空洞变化的最佳区域。冰穹 A 具备地球上最好的大气透明度和大气视宁度（天文望远镜显示图像的清晰度），有 3 ～ 4 个月的连续观测机会和风速较低等条件，被国际天文界公认为地球上最好的天文台址。冰穹 A 地区还是南极地质研究最具挑战意义的地方。东南极冰下基岩最高点的"甘伯采夫"冰下山脉，是形成冰穹 A 的直接地貌原因，由于其海拔近 4 000 米，是国际公认的南极内陆冰盖中直接获取地质样品的最有利和最有意义的地点。建成后的昆仑站，成为世界第六座南极内陆站，实现中国南极科考从南极大陆边缘向南极内陆扩展的历史性跨越，也意味着中国将成为第一个在南极内陆建站的发展中国家。

泰山站位于中山站和昆仑站之间的伊丽莎白公主地，2014 年 2 月 8 日正式建成开站。距离中山站约 520 千米，海拔约 2 621 米，是一座南极内陆考察的度夏站，年平均气温 -36.6 ℃，可满足约 20 人度夏考察生活。总建筑面积约 1 000 平方米，使用寿命 15 年，配有固定翼飞机冰雪跑道。泰山站不仅成为昆仑站科学考察的前沿支撑，还将成为南极格罗夫山考察的重要支撑平台，进一步拓展中国南极考察的领域和范围。

2016 年，中国第 32 次南极科考队在南极罗斯海地区的难言岛完成中国第五个南极科考站新站的优化选址作业。罗斯海是人类航海所能到达的地球最南点海域，是历史上进入南极大陆腹地最便捷的地方，基于该地区存在横贯南极山脉、南极最大的罗斯冰架及地球上第二大活火山等因素，成为各国竞相建站的战略之地。

同时，罗斯海地区是国际南极考察辐射太平洋扇区的重要区域，也是南极环境保护体系中最完备的地区，在此建站对中国意义重大。

截至目前，在南极建立科考站的还有阿根廷、澳大利亚、比利时、巴西、保加利亚、智利、捷克、厄瓜多尔、芬兰、德国、印度、意大利、日本、韩国、荷兰、新西兰、挪威、秘鲁、波兰、南非、西班牙、瑞士、乌克兰、英国、乌拉圭等。这些科考站与国外使领馆被当作一个国家海外领土的定位不同，它欢迎其他国家随时视察，但其所建地区、建筑设施本身以及站内的设备和人员享有不可侵犯的权利，不能对其进行破坏、损害或占有。科考站设置的数量和位置在符合相关国际规定的情况下，不得对其进行限制。只要是相关条约规定所赋予的，国家的南极活动和南极存在就不应该被干涉、影响，这是国家的南极权益。

美国的阿蒙森—斯科特科考站允许每年到达南极点的游客、探险者进入参观一个多小时。阿蒙森—斯科特科考站里的工作人员除了美国籍，还有不少外国科学家可以通过申请在这里做研究。但是能在科考站越冬、"住"的毕竟还是少数，因此有些旅行社为前往南极旅游的游客提供了豪华舒适的球形生态套房，设在南极洲内陆毛德皇后地的生态营地，每年夏季7月、8月接待游客；还有些旅行社设计了奢华的游猎酒店，外壁采用玻璃纤维材料，利用环保的风能和太阳能，并配套图书馆、厨房和通信室。"住"在这些酒店价格高昂，达到1人3天折合人民币20万左右。

还有游客通过在邮轮上报名参加自费露营项目，也可以实现"住"在南极。清新的空气、毫无喧闹的宁静极区、20小时以上的极昼、在短暂的夜晚观看极地天空中的群星，有时候还会看到绚丽的极光，这种令人难忘的经历在其他地区绝对体验不到。当然，睡一晚帐篷的价格也不菲。不过别嫌贵，为了减少对南极大陆的影响，船方对登岛露营的人次是有限制的，每次参加的人数以20～30人为宜。活动中，船方会准备基本的卫生设施、应对紧急情况的定量食物、饮用水以及必要的药品，还会提供高质量的登山帐篷、防水垫及睡袋，为了安全，不提供单人帐篷。露营地点禁止任何炊事活动，所以一般要在离船登陆前用完晚餐，再前往登陆地点。南极露营不需要特殊的条件，但如果有露营经验会更好。获批参加露营的游客必须参加特别培训，内容包括只能在有标识的营地周围活动；穿着适当保暖衣物；不得带强光手电；不允许随地小便，要学会使用岸上提供的便携式卫生间；不得留下任何生活垃圾；不允许给鸟儿喂食、触摸动物；等等。露营活动不能选在有植被的区域，也不能在野生动物密集的地区，更不能在受保护的区域。活动将由经验丰富的探险队员陪同指导，持续到次日清晨结束。

· 行

如今南极旅游的形态日益多样化，除了传统的乘船或乘飞机到南极固定地点游览外，泛舟、徒步、登山、水肺潜水、冰海游泳、滑雪、长跑等新颖的游览和探险活动也层出不穷。这些都构成了到南极之后继续"行"的乐趣。

南极泛舟是一项特殊的体验，能够自驾小舟在浮冰间穿梭，更近距离接触南极动物，观赏海豹、企鹅，时而有海鸟飞过身边；呼吸清新的空气，耳听万年冰川的颤动，触摸冰清的南极海冰，时不时捡起一块尚未融化的小浮冰；仰视冰山，享受五官极致的感受。进行这项运动要先在底舱的装备室领取全套服装，包括连体衣、防水软靴，这种橡皮衣虽然难看又不舒适，但这身行头既保暖又防水，即使掉到冰水里也不会湿身挨冻。为了安全起见，泛舟的时候必须天气条件良好。向导早上会在船停泊的附近区域巡视，找一个风浪较小的港湾，再通知队员穿戴装备，船方不能保证活动如期进行。参加泛舟的游客应具备水里逃生的技巧；须能听懂、理解英文，并遵守探险队员的指令；最好有泛舟的经验。

南极登山装备一定要符合要求，除了自带登山靴外，船上一般还为登山者提供冰爪、安全带、头盔、冰镐、雪崩探测仪等。南极登山每一步踩下去都是新雪，这里的雪比其他地方都更加纯净，通常海拔一千多米的山峰要花费三四个小时。站在顶峰的那一刻能看到数座冰山就像从平静的海水中长出来一样，远处不时传来沉闷的轰响，那是其他冰山断裂崩塌的声音，有一种无以言喻的壮美。不过这些活动要比泛舟、露营更具挑战性，登山者须在陆地上携带 15 千克以上的背包持续徒步 10 小时以上。在登山活动中船方会提供基本的卫生装备，并携带一定量的紧急备用食物、饮用水和药品。为遵守南极环保规定，登山途中不提供任何炊事设施，除个人携带的备用食品外，离船前应用完餐再出发。为了登山的安全考虑，参加者以 10 人左右为宜。由经验丰富的探险队员全程陪同，并要求旅客能够听懂、理解英文并遵守指令和要求。

南极马拉松被人称为"最艰巨的比赛"，因为它的比赛路况可以用恶劣来形容：没过脚踝的烂泥、冰雪，起伏不平的山丘，令人筋疲力尽的顶风……这一切使得参赛者要战胜险途，突破身心的极限，完成一件对个人来说具有"史诗"意义的事情。虽然艰难，但却是少数幸运者才有机会体验的事情。它不是一个出成绩的比赛，而是一场教会人尊重自然的奇异之旅。

南极越野滑雪是滑雪爱好者梦寐以求的一项挑战，但由于要持续进行高度消耗体力的运动，同时背负 5 ~ 10 千克的背包，因此同样要求参加者具有一定的体力，年龄须在 16 周岁以上，以不超过 15 人一组为原则，其他要求与上述活动大致相同。

这些项目常有名额限制，需要提前报名，有些项目还会要求参加者健康状况良好，投保了医疗保险和旅游保险。但无论"行"哪种活动，在南极随时有不可预见的危险发生，参与者必须听从探险队员的指挥，保持自我警觉，保障自己与同行极友的安全。南极虽是探险家的乐园，但普通游客通过这些"行"，不仅挑战了自己的极限，也经历了一生中难得一次的"探险"。

越深入南极，浮冰就越大、越多

PART 2
走进南极

南极早就存在，不以人类的意志为转移，但是人类的活动却深刻地影响着南极大陆。

去南极有一个共识，那就是除了脚印什么都别留下，除了回忆什么都别带走。

南极不仅仅是地理南极，更是人文南极。更好地走进南极，是为了更好地走出南极。

第一节　南极概念

· 南极界定

　　约 2 亿年前，南极洲是冈瓦纳古陆（Gondwana）的核心部分，那时的南极气候温暖，雨量充沛，覆盖着森林，居住着各种哺乳动物，同亚洲、大洋洲、非洲、南美洲等同属于冈瓦纳古陆。大约 2 000 万年后，冈瓦纳古陆开始了缓慢的分裂进程，非洲板块、美洲板块、亚欧板块、印度洋板块等相继与之脱离，逐渐形成了我们今天所知的各个板块。在 1 亿年前左右，南极大陆到达了地球最南端。随着二氧化碳含量降低，极地纬度高，终年得不到太阳直射，气温慢慢变低，南极洲开始变得极度寒冷，降雪不融、积冰不化，气候也逐渐由热带或温带气候演变成今天的极地气候。时光荏苒，岁月流逝，原来南极洲上生机勃勃的生物们也销声匿迹，长眠于地下变成化石，昔日温暖的南极洲变成了一片冰天雪地。3 400 万 ~ 2 400 万年前之间，德雷克海峡已经出现，南极洲开始与世隔绝。后来，南极大陆四周被南太平洋、大西洋和印度洋等海域包围，常年的低温使得洋流在南极洲大陆外围形成了由冰架、冰川与裸露的岩石一起构成的独特景观。

　　自然科学家往往根据其学科关注对象侧重点的差异，从不同角度来划定南极地区。如从地理纬度上，南极一般指的是位于南极圈以南的广大区域；从植物特征上，通常将南纬 50° 以南的区域视为南极；从气候特征上，通常以南极大气辐合带为界来划定南极；从海洋特质方面，则通常以亚热带辐合带或南极辐合带为界来划定这一区域。自然科学对南极地区界定的困难，也影响到了社会科学对南极地区界定的难度，在国际法律上人们对南极的范围存在着多种界定。

人们一般以1959年12国签署的、1961年生效的《南极条约》为标志，标志着人类开始对南极大陆的活动进行管理和制约。根据《南极条约》第六条，在法律和政治上的南极地区是指："南纬60°以南的地区，包括一切冰架在内。但本条约中的任何规定不得妨碍或以任何方式影响任何国家根据国际法对该地区内公海的权利或权利的行使。"《南极条约》适用于南纬60°以南的地区，条约规定凡在南极洲活动的国家，在使用南极大陆的问题上必须进行协商。《南极条约》虽然简短，却显著有效，它将南极洲打造成一个用于科学研究的和平宁静的自然保护区。这里没有任何军事行动，环境受到全面保护，科学研究是首要目标。截至2012年1月，《南极条约》成员国已达到50个，代表了世界80%的人口。任何在南极进行重要科学研究的国家都可成为一个拥有完全表决权的成员国，成员国每年开展会议，探讨科学合作、环境保护措施、旅游管理和历史景点保护等多样化议题，在一致同意的基础上制定决策。

为了进一步将南极环境保护编制成法典，后续出台了《南极环境保护议定书》（*The Protocol on Environmental Protection to the Antarctic Treaty*，1991年），这份协议书及其附加协议为在南极冰原上进行的所有活动制定了环境保护原则，如禁止采矿，并且规定了在所有新项目实施之前都必须进行环境影响评估，还成立了南极海洋生物资源保护委员会，保护南极周围海洋中栖息的物种，并对捕鱼活动进行了管理。

尽管人们对南极的界定还处在发展变化当中，但随着人们对南极认知的不断丰富和深化，人们不妨在发展变化中去讨论南极、认识南极。

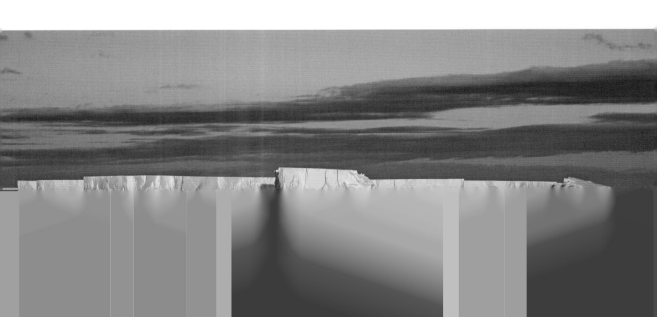

· 南极概况

南极洲包括了南极大陆及其周围的岛屿，面积约 1 400 万平方千米，占世界陆地总面积的 10%。南极大陆直径约 4 500 千米，被约 2 900 千米长的横贯南极山脉分为东南极和西南极，东南极与西南极在地质上截然不同。东南极占南极大陆面积的三分之二，南极点就位于海拔约 3 800 米的冰原上。东南极是一个古老的地盾，目前在东南极恩德比地发现的一些极为古老的地球岩石，据推测已经有 30.84 亿年。而西南极是由若干板块组成，在地质年龄上远比东南极年轻一些，只有 7 亿年历史，包括向南美洲方向延伸的南极半岛和一连串的岛群。南极半岛将威德尔海和罗斯海两大海湾引入大陆，这两片海域均以顺时针方向运动，且各自拥有罗尼冰架和罗斯冰架，是大南极洲冰原的延伸带。

南极洲是世界上面积第五的大洲，也是人类发现的第七个大洲。它被太平洋、大西洋和印度洋包围，边缘有别林斯高晋海、阿蒙森海、罗斯海、威德尔海等 10 多片海，

大陆海岸线长约 24 700 千米。南极大陆常年被 99.6% 的冰雪所覆盖,形成永久性冰层,被称为南极冰盖,主要分布在南极半岛上的山区、横贯南极山脉地区和沿海地区,平均 2 000 多米,最厚处约 4 750 米,占全球陆地冰量的 90%。南极大陆四周海冰包围面积随季节的变化而改变,南极夏季海冰覆盖面积约 300 万平方千米;9 月份南极冬季末期海冰结冰的时候,海冰从海岸线向外延伸约 1 000 千米之遥,到南纬 55°,南极大陆面积会翻番,因此至今仍未能完整精确地绘制出南极洲海岸线图。南极冰盖的体积与重量过于庞大,造成南极大陆下沉。据推测,三分之一的南极大陆已被压到海平面以下,有些地区甚至被压至海平面 1 000 米以下。近期科学家们发现,在冰盖之下竟还存在着大量的液态淡水湖。南极冰盖可谓是地球表面最大的冰雪覆盖区,拥有最丰富的淡水资源,如同一个巨大的固体水库,储存了全球大多数淡水资源。南极冰量的增减影响着全球海平面变化和水系循环。据估计,如果南极冰盖完全融化,海平面可能上升 60 ~ 70 米。

南极有些有趣的"地理点"，比如南极点：在南极点，东、西、南三个方向都失去了意义，只有北一个方向。在南极点，太阳每年只升落一次，半年全是白天，半年全是黑夜。地磁极点：地球磁轴与地球表面相交的两点称为地磁极点。磁极点是地球地磁束最密、地磁场最强的地方，接近于地理极点，却不重合。其位置随着时间变化，指南针在磁极点无法指示方向。寒极点：1983 年 7 月，科学家曾在南纬 78° 28′、东经 106° 48′ 测到 −88.3 ℃ 的低温，这是目前记录到的地球最低气温，因此这里被称为寒极点。最高点：南极大陆是地球平均海拔最高的大陆。上文提到的冰穹 A 位于南纬80° 22′、东经 77° 21′，海拔约为 4 093 米，是南极内陆冰盖海拔最高点。

· 南极气候

南极没有四季，只有冬、夏两季。每年 4 月～10 月为南极冬季，这期间南极点附近为极夜，南极圈附近时常出现光彩夺目的极光；11 月～次年 3 月为南极夏季，这期间南极点附近为极昼，太阳总是斜着照。南极气候堪称地球三个"极"：寒极、旱极、风极。

南极气候异常寒冷，年平均气温 −50 ℃。每年 8 月南极大陆气温最低的时候，内陆气温 −70 ℃～−40 ℃，沿海地区气温 −30 ℃～−15 ℃。即使每年 2 月南极最温暖的时候，内陆气温也 −35 ℃～−15 ℃。南极的冷毋庸置疑，干旱却有些令人惊讶。的确，南极竟然是世界上平均降水量最少、最为干旱的大洲，平均年降水量小于 50 毫米。在南纬 80° 以南的地区年平均降水量几乎为零；南极洲年降水量低主要是由低温下空气中的水汽充分凝结，使得空气中的水汽含量减少所致。南极还是地球的风极，拥有地球上其他地区都没有的强风。每年八级以上大风天就有 300 天，飓风风速达每秒 100 米，风力相当于 12 级台风的 3 倍。由于南极地势高，气温低，中心高原与沿海地区之间呈陡坡地形，促使高空冷空气沿山坡迅速移动，形成当地特殊的"下降风"。

南极天气变幻莫测，一天中可能经历晴、阵雨、多云和狂风暴雪，晴朗的好天气也可能瞬间变成狂风大作，并夹杂雨雪。

5 月～10 月是最容易见到南极光的季节。开始时，南极光只是夜空中渺小的一点；接着，这一小点逐渐加深，变得更加真实，泛着绿光；突然，一道清晰的彩色弧光刺破黑暗，漫射的光线从空间落下，闪烁光芒，轻轻舞动；夜空爆发成为一快巨大而抽象的画布，各种颜色、各种形状交织在画布上，在天空中飘浮，可持续照耀 1 分多钟；然后逐渐消失，天空又变成一片黑暗。南极光的产生是因为太阳产生带电粒子，持续的太阳风将带电粒子吹向整个太阳系。当太阳风吹过地球时，带电粒子被地球的磁场吸引，并朝着地球的两个地磁极点移动。在它高速移动的过程中发生了电离现象，并释放出能量，成为光线。我们看到的绿光是粒子撞击氧分子的结果，而红光和紫光则是由粒子与氮分子撞击产生。有趣的是，南极光与北极光几乎同时发生，似完全一样的镜像。

除了南极光，南极地区还会出现幻日、海市蜃楼、绿闪等现象。幻日即在南极地区同时出现太阳、风雪、薄云和 −30 ℃的情况下，天空中浮现半透明薄云，薄云里飘浮着许多六棱柱状冰晶体。当这些六棱柱状冰晶体整齐地垂直排列时，在太阳光的照射下发生折射现象，天空同时出现多个太阳，光芒四射，使人目眩。南极海市蜃楼的形成条件是出现"逆温层"，即冷空气停驻于地表附近，冷空气上方的空气相对温暖。空气温差使得空气密度出现差异，空气密度不同，光的折射率也不相同，导致光线发生折射，人们能够看到远处景象的虚像。绿闪是指在南极地区日出或日落时的瞬间出现的绿色闪光的光学现象。地平线附近的空气密度差使太阳光发生上凸折射，产生上浮的太阳虚像。该折射的角度根据光的色谱差异，在地平线附近形成上方偏绿、下方偏红的色彩。

目前，全世界最为关注的还是南极臭氧层的状况。臭氧层能减弱强烈的紫外线辐射，对地球表面形成一层保护层，避免人类和其他生物长期暴露在短波紫外线中，也能保护植物的生长，避免农作物因变种而减产。研究发现，人类大量使用工业溶剂、冷媒、有机溶剂或其他化学制品都对臭氧层造成了不可逆的破坏。从 20 世纪 50 年代末开始，臭氧浓度每年都在减少，截至 2000 年，南极上空的臭氧层空洞达创纪录的约 2 800 万平方千米，相当于 4 个澳大利亚的面积。臭氧层的破坏导致强烈的紫外线直射，影响了南极地区的动植物生态系统平衡，造成包括浮游植物群死亡、食物链基层受损等情况。

第二节　南极植物概览

南极人迹罕至，极端的气候，只有 2% 没被冰雪覆盖的地方等，都令此处的植物难以生长。然而还是有一些最顽强的种类生存了下来，它们拥有适应极端严寒又贫瘠的环境的既独特又有趣的生存方式。实际上，南极植物的种类比人们想象中要多得多，南极共孕育有近 400 种地衣、100 种苔藓和叶苔，以及数百种藻类——包括 20 种雪生藻类。

· 陆生植物

南极的陆生植物有地衣、苔类、藻类、冻土植物和少量菌类，还有两种开花植物，一种是发草，另一种是垫型草或者称为漆姑草。地衣和苔藓都是在南极海边生长的开花植物，地衣、苔类和冻土植物都有特别的方法适应南极夏季强烈的日照、寒风、极端湿度和温差。它们以防水层盖着叶子，只保留几个小开口，保持气孔湿润，抗衡干燥的天气。

南极半岛生长着大面积的地衣样本（有些已经存在超过 500 年了），以及 1 米多深的苔藓，放射性碳测定显示大片苔藓基层年代已长达 7 000 年。大部分植物都是扁平地紧贴在石面上，向南生长，或生长成球状抵抗凛冽的寒风，以及吸收更多的阳光。地衣有时候会呈现不同的颜色，这来自它们的天然色素，用来减少吸收紫外线，避免在进行光合作用时被强烈或过量的光线晒伤，这些色彩就是地衣的天然"防晒霜"。不同的颜色代表植物在不同的地方或角度所接收的阳光不同。南极的石头对植物的生长十分重要，尤其是巨大的石头。石头的深色表面在严寒下为植物提供了足够热能，只要石头在冰雪中冒出来，植物就有机会在其上生长，可见南极植物的坚韧。

在降水量多、夏日日照时间长的情况下，海岛上的植物逐渐增多，有时甚至会出现茂盛的草丛。仅在南乔治亚岛便出现至少50种导管植物，虽然这些不是树，但还是传递出南极气候变暖的信号，令人担忧。

· 海洋植物

超过100种浮游生物生活在南大洋中。虽然这些浮游生物只是漂浮在南大洋上层的微小的单细胞植物或者藻类微生物，但是整个南极生态系统的繁荣都依靠这些浮游生物群的光合作用。

在南极南部海岛的潮间带及潮下带区域生长着各种巨型海藻，如巨藻，当大海波涛汹涌时，巨藻可以对海岸形成一道厚厚的保护带。这些巨藻也保护鱼类、贝类、章鱼类及甲壳类动物，为沿岸觅食的鸟类如鸬鹚和燕鸥提供食物。

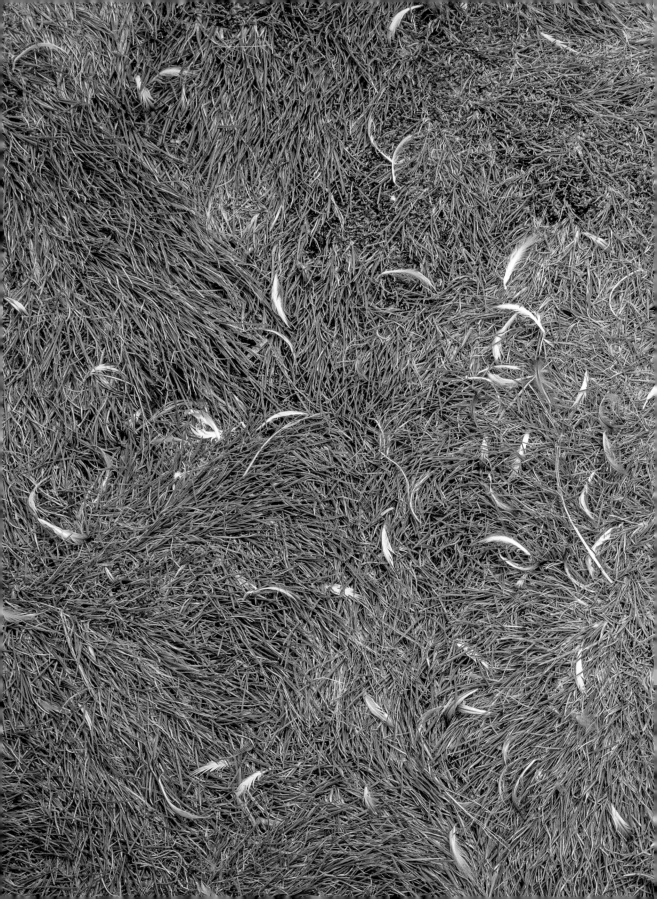

南极冰藻是生长在海冰下的一种特殊微型藻类，呈淡茶色或红褐色，它们大量聚集的时候可将积冰"染"成灰色或粉色。冰藻在海冰下利用阳光进行光合作用，依靠海冰提供的自然条件制造有机物，得以自养。冰藻为南极生物提供不可缺少的养分，凡是有冰藻生长的海域，必定聚集桡足类、端足类等低端浮游动物，吸引企鹅、海豹、鱼类、磷虾等动物前来争食，形成由南极冰藻产生的特殊浮冰区食物链。细密而结实的冰藻还能吸收紫外线辐射，保护冰下的生物不受紫外线伤害。

第三节　南极动物概览

南极动物，还没开始讲便觉得讲不完。南极是动物的天堂，这些动物们适应南极，享受南极，了解南极，依赖南极……

· 企鹅

企鹅是南极所有动物里当仁不让的"明星"。全世界约有 20 种企鹅，几乎全部分布在南半球，南极地区有 7 种，分别是：帝企鹅、王企鹅、阿德利企鹅、帽带企鹅（又称纹颊企鹅、南极企鹅）、白眉企鹅（又称金图企鹅或巴布亚企鹅）、凤头黄眉企鹅（又称喜石企鹅或跳岩企鹅）、长眉企鹅（又称马克罗尼企鹅、长冠企鹅、浮华企鹅或通心粉企鹅）。它们按照生长区域、习性、体积、皮毛颜色等因素区分，虽然都是鸟类，具有一些相同的习性，但也有一些不同的特色。

帝企鹅　成年帝企鹅体长可达 120 厘米，是企鹅族群中体形最大的一种。它们头部呈椭圆形，毛色为黑色，颈部为玄黄色过渡到浅黄色的渐变色。它们是海底猎食高手，能潜 500 多米深，闭气达 20 分钟以上。帝企鹅通常在南极附近海域浮冰上觅食、嬉戏，只有每年夏季 3 月进入繁殖期后才会上岸。上岸的帝企鹅集结起来，排列成数千米的长队，步行数百千米进入南极大陆边缘群岛间隐蔽的厚冰区求偶繁殖。其间，雄帝企鹅要想尽办法找到伴侣，完成它们的使命。那段时间空气中充满着爱的气息，帝企鹅情侣总是成双成对、形影不离。因此一般计算企鹅数量不是以只为单位，而是以对为单位。求偶成功后，雌帝企鹅一般在 5 月初产卵，每次产一枚卵。产卵后，雌帝企鹅第一时间把蛋交给雄帝企鹅，由它们接管孵卵的重任。之后雌帝企鹅便回大海觅食了。大约经过 65 天的孵化，7 月中旬帝企鹅雏鸟破壳而出。此时，雌帝企鹅必须及时赶回"家"中与雄帝企鹅"换班"，因为此时雄帝企鹅已经将近 4 个月未进食，体重下降一半，快支撑不住了。如果雌帝企鹅未能如期赶回，雄帝企鹅恐怕也要在最后一刻放弃孵卵或哺育刚孵化的小帝企鹅，迅速返回大海觅食以求生存。小帝企鹅破壳后会继续待在父母的孵化囊中大约 45 天，靠吃经过父母半消化再吐出来的食物长大。到 11 月份南极夏天来临的时候，小帝企鹅就能独立行动了。帝企鹅是南极数量最少的企鹅族群，仅有约 30 万对。对很多南极游客来说，看到帝企鹅并不容易，那意味着要深入南极内陆。因此南极半岛附近的雪丘岛就成了南极游客碰运气的地方，否则就得乘直升飞机才能确保到达帝企鹅的栖息地。

　　王企鹅　王企鹅是南极体形第二大的企鹅，体长 80～100 厘米，头部有一块像"橘色的逗号"，颈部也为橘色，嘴部较长。南极地区除了帝企鹅靠在冬天繁殖后代躲避天敌外，其余大多数企鹅都选择在夏季繁殖。王企鹅通常在每年 11 月下旬产卵，因为它们生活在陆地而非浮冰上，因此它们不必像帝企鹅一样跋涉数千米从巢穴往返海边，但它们仍需要轮流负责孵化，整个孵化期大约 50 天。南极进入冬季，正是小王企鹅身上长满绒毛之时，它们正好储蓄了能量应对南极的严寒。直到次年 11 月，1 岁的小王

企鹅才能换羽成为成年王企鹅。王企鹅主要分布在印度洋和大西洋南端的众多岛屿上，作为群居动物，王企鹅总是聚在一起进食和休憩，特别是在南乔治亚岛，那里生活着几十万对王企鹅，它们共同生活的场面颇为壮观。如果遭遇恶劣天气，它们会挤成一团，一个挨着一个，在冰原上不停地旋转，成年王企鹅轮流从内圈挪到外围，循环往复，形成一个不断挪动的庞大的企鹅群，共同抵御严寒。

一只成年王企鹅体长近 1 米，
体重约 15 千克

一群王企鹅在海浪中抢滩登陆

一只正在褪毛的王企鹅幼崽

企鹅刚从蛋壳中孵化出来的时候浑身覆盖着黄色绒毛，它们会利用短暂的夏季褪毛，更换为更耐寒的羽毛

阿德利企鹅　1840 年 1 月 19 日，法国探险家迪蒙·迪尔维尔发现了南极大陆阿德利，他不仅以他夫人的名字命名了该地，还以他夫人的名字命名了阿德利企鹅。阿德利企鹅生活在比其他企鹅都更南方的冰雪区域，可以和帝企鹅并称为真正的南极企鹅。它们体长 30 ～ 50 厘米，有很明显的白眼眶，是南极企鹅中数量最多、分布最广的族群。阿德利企鹅冬天经常成群出现在浮冰或冰山上，夏天一到即迁回陆地栖息处。它们成群结队地走在冰雪上时，就形成了壮观的"企鹅公路"。阿德利企鹅喜欢在离海岸线不远的较高的冰脊上筑巢，由雄阿德利企鹅率先抵达，用鹅卵石修复巢穴。交配后雌阿德利企鹅产下 2 枚卵，也是先交由雄阿德利企鹅孵抱，孵蛋期约 2 个月，最后通常只有 1 只存活。阿德利企鹅在喂食时有个有趣的现象，小阿德利企鹅经常要追着父母讨食，如果它们不这样做很有可能会得不到足够的食物存活下去。

一只阿德利企鹅

一只白眉企鹅正在给企鹅宝宝喂食

白眉企鹅　白眉企鹅有很明显的外貌特征，它们头部通常有一片"白眉"，从头顶一直覆盖到眼部。它们也是南极企鹅较常见的族群之一，体长60～80厘米。与阿德利企鹅和帽带企鹅的习性相似，白眉企鹅喜欢在无冰区的岩石上栖息，用石子或泥草筑巢，通常在近海岸较浅处觅食。但是白眉企鹅的地域观念不强，没有大规模的群栖处所，可以看到白眉企鹅与其他企鹅杂居；而且小白眉企鹅完全换羽后还会和父母生活在一起，继续依靠父母喂食，不愿独立。

帽带企鹅　帽带企鹅的名字来源它们头部花纹酷似帽子的颔带,一眼就可认出来,体长 70 ~ 75 厘米。它们在南极也很常见,半月岛、南桑威奇群岛、南极半岛附近都能看到它们的身影,它们的总数在企鹅族群中排名第二。小帽带企鹅 2 个月大即可下水游泳,成年帽带企鹅潜水深度可达 100 米。它们主要捕食南极磷虾和其他小鱼,如果在水中捕食遇到海豹,它们能迅速从水中跳上岸躲避天敌。它们回到陆地上喜欢滑行游走,通常在岩石陡坡上筑巢。

一只帽带企鹅

凤头黄眉企鹅　凤头黄眉企鹅因头部长着黑色羽冠和眼睛上方有一条柠檬黄色细长羽眉，故名。它们也称喜石企鹅，来源于它们对石头的喜爱。在求偶期，雄凤头黄眉企鹅通常要找一块石头向雌凤头黄眉企鹅示爱，雌凤头黄眉企鹅若是看中，就把这颗石头衔回事先筑好的巢里，雄凤头黄眉企鹅见状便可兴高采烈地尾随而去。它们将巢穴建在松动的石块上或陡峭的岩壁间洞穴中，因善于跳跃出巢穴，又称跳岩企鹅。近年来，由于石油污染以及人类在南极辐合带滥捕鱼类等原因，凤头黄眉企鹅数量急剧减少，国际自然保护联盟已将凤头黄眉企鹅列为近危物种。

长眉企鹅　长眉企鹅双眼之间有左右相连的金黄色装饰羽毛，由两边发角向外呈放射状，"发型"十分显眼、独特。它体形不大，体长大约 70 厘米，主要食物是磷虾、鱿鱼以及冰区的其他鱼类。成年长眉企鹅 10 月交配，一次能产两枚卵。通常其中一枚会将另外一枚"挤"出巢外，只有一枚能接受孵化，最后有一枚成活就已经不错了。小长眉企鹅孵化出来后也是父母轮流养育，2 月份小长眉企鹅绒毛长成，4 月底之前就会随父母移居到北边较为温暖的水域越冬。夏季，成千上万的长眉企鹅游回南大洋中，再在布满岩砾的小岛上继续交配、繁殖。目前，长眉企鹅的繁殖交配地点有所减少，可能是由于气温变化引起食物减少，国际自然保护联盟已将长眉企鹅列为易危物种。

· 其他鸟类

南极的鸟类，除了不会飞的企鹅之外，比较常见的还有信天翁、海燕、南极贼鸥、燕鸥、黑背鸥、白鞘嘴鸥、蓝眼鸬鹚等20多种。

信天翁 信天翁是一种大型海鸟，分为黑眉信天翁、淡额黑信天翁、漂泊信天翁、白顶信天翁、深乌信天翁、浅乌信天翁、黄鼻信天翁、灰头信天翁、阿姆斯特丹信天翁等。信天翁喜欢跟随南极洋面上的船只飞行，它们飞行时，双翼展开可达3～4米，飞行时速可达80千米。它们的寿命很长，达到30～40岁。信天翁求偶时，会用特殊的舞姿吸引异性。交配后，它们通常只产1枚蛋，有的两年才产一次。多数信天翁集居在南极半岛及亚南极群岛区域，分布靠北，以草筑巢。所有的信天翁都只在海上捕食，猎取乌贼、鱼类及甲壳类动物。由于信天翁特殊的捕食习惯，近年来，许多信天翁在南大洋延绳钓鱼业中被捕杀。当信天翁潜入水中捕食鱼线上的鱼饵时被困住，渔场人员一卷起长线，信天翁便落入水中溺亡。《南极洋生物资源保护公约》已将此问题纳入管辖行动范围，比如要求采用飘带之类的物品吓跑鸟儿，避免其误食鱼饵，还要确保鱼饵尽快随钩沉入水中；禁止在白天放线钓鱼；等等。其他危险因素如误吞渔船遗留的鱼钩、外来的陆地食肉动物及环境污染等，也使信天翁面临危险。目前，信天翁保护等级已经从近危物种（如灰头信天翁），上升到濒危物种（如阿姆斯特丹信天翁）。此事已经引起《信天翁和海燕保护协议》及一些非政府组织如国际鸟类协会的关注，他们积极投入到了信天翁的保护工作当中。

海燕 海燕是中小型鸟类，习惯在暴风雨出现时急速穿过，不惧风浪在浪尖上飞行，利用风速及气压在浪头上快速追逐捕食，仿佛为穿越海面而来。生活在南极的海燕有南极鹱、大海燕、雪海燕、岬海燕、蓝海燕、银灰暴风燕等。海燕与信天翁不食腐尸不同，在海上它们可捕食磷虾、乌贼及鱼类，享用死去的鲸和其他海鸟的残骸；在陆地上它们也可觅食，还可在海豹栖息地清理残渣。海燕终年生活在海上，只有繁殖季节才到陆地筑巢。不幸的是，很多海燕繁殖的岛屿正在遭受破坏，海燕的种类延续性受到威胁，而且同信天翁一样，海燕也受到延绳渔猎方式的威胁。

贼鸥 在南极刚孵化出来的小企鹅几乎都要受到贼鸥的威胁。当贼鸥大量涌来时，成年企鹅挤靠在一起把企鹅蛋或小企鹅掩蔽在身下，拼死保护。企鹅群不断向一起挤靠，无儿无女的企鹅则勇敢地围在外层，向入侵者吼叫，拍打翅膀。贼鸥采取不断低空掠过的方式，伺机偷食企鹅蛋或企鹅幼崽。贼鸥还捕食栖息地的其他小型成年海鸟，食用动物尸体腐肉、磷虾、乌贼和鱼类。贼鸥是一种攻击性非常强的捕猎者，体积大，样子貌似海鸥，身体主要为褐色，但翅膀有显眼的白色条纹。贼鸥种群都是在夏季繁殖交配，它们通常在地上挖坑产下 2 枚斑驳的蛋卵。到了冬季，贼鸥离开繁殖地，它们大部分时间在海上飞翔，有时甚至会飞到北半球。

燕鸥　在南大洋可以看到几种不同的燕鸥，包括南极燕鸥、北极燕鸥，以及较为稀少的克尔格伦燕鸥。南极燕鸥飞行能力极强，会从南极迁徙到南非附近的水域过冬。还有北极燕鸥，它们是世界上最善于长途飞行的候鸟，每年在南极、北极之间迁徙，飞行能力令人惊叹。克尔格伦燕鸥与南极燕鸥、北极燕鸥不同，它们只待在它们生活的几个海岛上。这三种燕鸥都是身形细长，长翼，灰白相间。南极燕鸥体长约 40 厘米，和克尔格伦燕鸥一样都是红色鸟喙，且有显而易见的黑顶。北极燕鸥额前为白色，鸟喙为黑色。

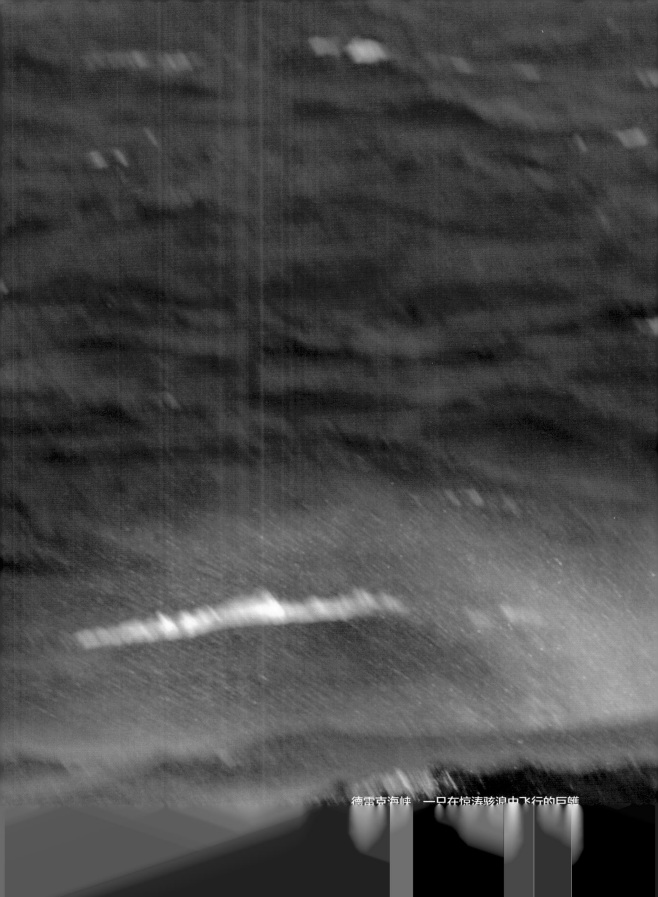
德雷克海峡 一只在惊涛骇浪中飞行的巨鹱

黑眉信天翁

一只黑背鸥对着大海发出尖锐的叫声。黑背鸥性情凶猛，经常在企鹅群中偷取或抢夺企鹅蛋和小企鹅，以此来获得食物

一只白鞘嘴鸥从高空俯冲到一个帽带企鹅的栖息地抢企鹅幼崽，企鹅群伸长脖子，希望通过发出嚎叫吓阻这个掠食者

这只勇敢的雌企鹅，用尖嘴抵挡住白鞘嘴鸥的
利爪，成功地保护了身下的幼崽

一只贼鸥强攻进入帽带企鹅的栖息地，利用强有力的身躯挤开企鹅妈妈，直接叼走企鹅幼崽。一只成年贼鸥每三小时就能捕捉一只企鹅幼崽

贼鸥幼崽也需要成年贼鸥的保护，不然也会成为其他食肉鸟类的食物

· 海豹

海冰破裂之后，大冰障边缘一带就成了海豹最爱的栖息地。因为这里可以很容易上到陆地，它们可以尽情地享受日光浴。海豹的外耳已经退化，后肢不能向前弯曲，因此无法在陆地上行走，只能靠身躯弯曲爬行。别看海豹在陆地上笨拙的模样，到了海里它可是一把好手。南极有5种常见海豹，分别是食蟹海豹、豹形海豹、威德尔海豹、象海豹和毛皮海豹。

食蟹海豹　食蟹海豹是世界上数量最多的海豹，数量估计有1 500万只之多，是南极地区最常见的海豹。它们活跃敏捷，不断地练习跳高，从水里跳上冰缘。即使是在冰面上，它的速度也很快，人竭尽全力才能跟得上。它的皮肤呈灰白色，银光闪闪，带着小黑点，头部像猫，较尖。雄食蟹海豹长约3米，体重约250千克，身形瘦长，雌食蟹海豹身体略小。食蟹海豹并不是喜欢吃蟹，而是喜食磷虾。它们拥有进化过的特殊牙齿，门齿和犬齿形成一个筛网，可以在大口吞入海水后，从海水中滤出磷虾。食蟹海豹夏季在极地附近的积冰上进行交配，小食蟹海豹成长很快，哺乳期仅4周左右。

豹形海豹　豹形海豹是海豹族群中唯一嗜肉的海豹，它们猎捕企鹅和其他海豹（特别是海豹幼崽），还有鱼类、乌贼及磷虾，有时会攻击人类，天敌是逆戟鲸。豹形海豹是南极数量第二多的海豹种类，总数约20万只，身长可达2.8米，重约320千克。雌豹形海豹体型更大，长可达3.6米，重约500千克。豹形海豹头部很大，并配有一张阔嘴，颚大而有利，有利齿。豹形海豹除了夏季繁殖季节成群出没外，其他时间则单独行动。它们一般在浅水处捕食，尤其是在企鹅群附近或浮冰的边缘等待企鹅跳出水面时捕猎。

威德尔海豹　威德尔海豹也是南极地区常见的海豹，身长约3.3米，体重500千克左右，形体肥胖，身上布满不规则花纹，头部酷似狗，寿命长达20年，雌性体型也稍稍大于雄性。它们通常在冰下过冬，雌威德尔海豹利用积冰的裂缝及洞口进入海中，在水中觅食或露出水面换气，雄威德尔海豹则负责守护它们各自的洞口。威德尔海豹潜水能力很强，视力极佳，可潜入700米深的水中并持续待1小时以上，在光线微弱的深海里捕食南极鳕鱼或其他鱼类。由于威德尔海豹生活在固定海冰上，人们更容易接近，因此威德尔海豹是人类最为熟知的海豹。

象海豹　象海豹的外表非常好辨认，它们长着大象一般的鼻子，是世界上体形最大的海豹。雄象海豹身长达5米，体重约3 000千克，雌象海豹长达3米，体重约900千克。象海豹血液中富含大量血红球，独特的胸腔结构可储存额外的血液，甚至肌肉也可以储存氧气，这些都有利于它们在潜水时储存氧气。因此，象海豹在海里过冬，等到夏天才上岸交配。在繁殖季节，雄象海豹会为争夺居住地领地及配偶不断爆发争斗，它们的长鼻子可以发出令人害怕的咆哮声。

毛皮海豹的幼崽

一只象海豹用其翅膀挑起石子，让石子击打身体

在交配期，即使没有食物，雄象海豹也可以和 30 ~ 50 只雌象海豹交配，并依靠其厚厚的鲸脂层生存下来。小象海豹一般在 10 月中旬出生，虽然出生时体重仅约 40 千克，但是它们成长迅速，断奶时体重即可达到 120 千克。成年象海豹以乌贼及其他鱼类为食，其中乌贼占到 75%。

毛皮海豹 毛皮海豹即我们常说的"海狗"，它们体毛浓密，雌雄体形悬殊，雄毛皮海豹身长约 2 米，体重至少 200 千克，雌毛皮海豹体长约 1.3 米，体重仅 55 千克左右。毛皮海豹配偶为一雄多雌，雄毛皮海豹保卫所属的居住领地，严守在配偶及幼崽旁，以防天敌侵扰，主动攻击性较强。19 世纪初，毛皮海豹曾因其皮毛价值遭到过度捕杀，现在却因繁殖过多破坏了信天翁的巢穴，并使植物也遭到一定破坏。

一只象海豹幼崽依偎在雌海豹的身体上看
着一只白眉企鹅从面前走过

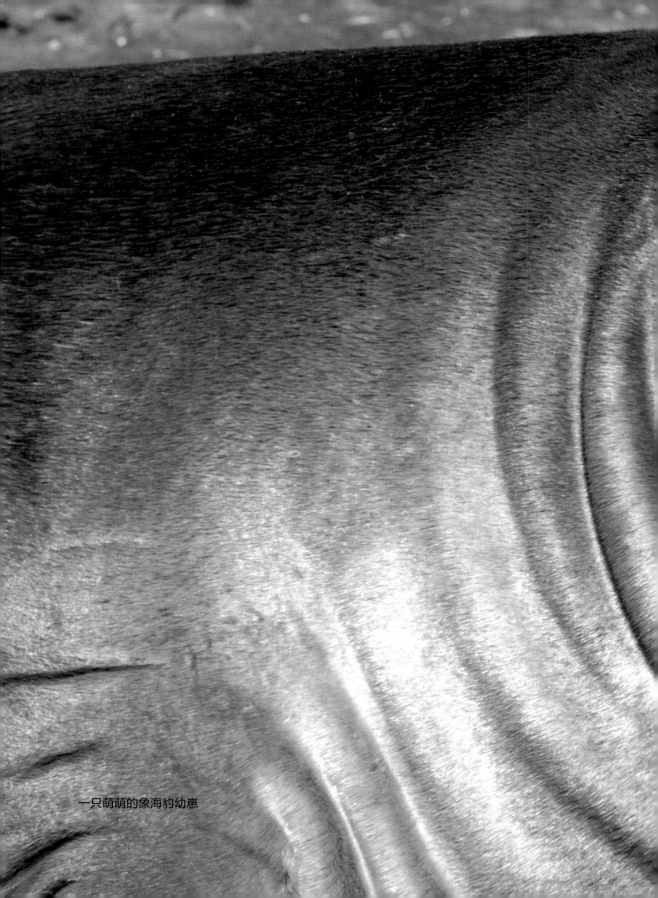
一只萌萌的象海豹幼崽

象海豹的特写很酷，很沧桑

一只成年的毛皮海豹

毛皮海豹幼崽

一只象海豹从大海中浮出水面

· 鲸

　　乘船前往南极的途中，幸运的话可以见到鲸。船上有广播，当鲸出现时第一时间通知乘客。鲸主要分为两大类：一类是须鲸，如蓝鲸、长须鲸、座头鲸、小须鲸、大须鲸；另一类是齿鲸，如海豚、抹香鲸、逆戟鲸。在南极比较常见的有蓝鲸、长须鲸、座头鲸、逆戟鲸、抹香鲸。

　　蓝鲸　　蓝鲸是世界上体型最大的哺乳动物，体长可达 33 米，体重达 180 吨以上。蓝鲸身上的褶沟沿纵向从身下一直到嘴巴后面，这样它的嘴巴就可以张得很宽。所以它们可以一口气吞下 50 吨水，再用其下颚几百对鲸须板滤出磷虾等甲壳动物。一头蓝鲸一天可以吃掉约 4 吨磷虾。它们通常独自活动或组队出游。商业捕鲸活动使蓝鲸的数量急剧减少，据统计，20 世纪人类共捕杀了约 36 万头蓝鲸，现在南极海域附近的蓝鲸只剩下约 2 000 头，已被列入濒危物种。因此现在很少见到蓝鲸了，如果见到足以令人兴奋不已。

　　长须鲸　　长须鲸是除蓝鲸之外世界上第二大鲸，雄长须鲸身长可达 27 米，雌长须鲸身长可达 25 米。长须鲸体形较蓝鲸修长，下颚为白色。世界各大洋中都能看到长须鲸的身影，在南极海域，长须鲸主要以磷虾为食，一头长须鲸一天可吃掉大约 1 吨磷虾。夏季，长须鲸洄游到冷水海域捕食，常在亚南极尤其是南纬 50°～60°附近海域出没，冬季又游回较温暖的海域繁殖，有时候甚至到达北半球。20 世纪，南半球有近 75 万头长须鲸被捕杀，现在南半球海域仅有 1 万多头，全球只有约 10 万头，已被列入《濒危野生动植物种国际贸易公约》保护对象，但其数量仍然恢复得极为缓慢。

　　座头鲸　　座头鲸以跃出水面的姿势、超长的胸鳍以及会"唱歌"闻名。座头鲸背部不像其他鲸那样平直，而是向上弓起，形成一条优美的曲线，故得名"座头鲸"。它们胸鳍极为窄薄而狭长，约为 5.5 米，为鲸中最大者，几乎达到体长的三分之一。它们还是海洋中的音乐家，雄座头鲸每年约 6 个月几乎整天都在"唱歌"，而且其歌声中敲击音与纯正音两者的比例与西方交响乐中的比例非常类似。这种庞然大物至少能够发出 7 个八度音阶的音，并且它不是毫无章法地吼叫，而是按照一定节拍、音阶长度和音乐短语来歌唱。座头鲸是一种社会性动物，智商很高，性情很温顺。它们夏季到食物丰富的南大洋捕食，一天可吃掉约 1.5 吨磷虾。而且它们几乎只在夏季捕食，冬季则依靠体内储存的脂肪生存。20 世纪 60 年代，由于捕杀导致座头鲸近乎绝种，但目前数量已有所回升。

　　逆戟鲸　　逆戟鲸即虎鲸，也被称为杀人鲸。体型在海豚科中最大，也是海豚家族中数量最多的成员。它们背部黝黑，眼旁有大白点，背鳍直立，腹部全白，黑白相间的身体与众不同。它们一般是群体集中出游，生性好奇，经常在船只四周游弋或在船底嬉戏。

各个海域都可见到它们的踪迹，尤其在猎物充足的南大洋。目前，南大洋逆戟鲸的数量还是很可观的。大多数逆戟鲸会栖息在浮冰边缘或有浮冰的水道中，捕食小须鲸、企鹅、海豹等。逆戟鲸是南极最凶猛、最可怕的食肉动物。

抹香鲸　抹香鲸是体型最大的齿鲸，下颚约有50颗牙齿，每颗牙齿长达25厘米，抹香鲸上颚虽然几乎没有牙齿，但是有齿槽配合下颚牙齿的放置。雄抹香鲸身长可达18米，雌抹香鲸身长可达11米。每当10月～12月的繁殖季节，它们通常以20多头的数量组群出动，群体中包括雄抹香鲸、雌抹香鲸及小鲸。抹香鲸有强大的声波定位系统，可潜至海底3千米，并在海底潜伏1小时甚至更长时间以捕获大型软体动物如乌贼等。科学家通过采集抹香鲸反刍时获得的未消化的乌贼鹦嘴残渣，推测出抹香鲸食用的乌贼体重可达200千克。抹香鲸曾因鲸油、"龙涎香"和牙齿的经济价值遭到大量捕杀，现在已对其实施全面保护，将其列为濒危物种。

白令海中的一头杀人鲸

座头鲸的鱼尾

两只巨型杀人鲸的鱼鳍

· 磷虾

南极磷虾，一般指的是生活在南纬50°以南、环南极海域的南极大磷虾。南极磷虾居于南极食物链的核心地位，上文提到鲸、海豹、企鹅、信天翁等动物都是以磷虾作为重要的食物来源，磷虾可以说是凭一己之力，完成了南极几乎所有动物的营养供给。如果没有磷虾，整个南大洋的生态系统便会崩溃。

磷虾其实不是虾，而是似虾的无脊椎动物，得名于其独特的球形发光器官。它们的生长过程十分有趣：磷虾的卵排到水里后，一边下沉，一边孵化，一直下沉到数百米甚至数千米才孵化出幼体。幼体在发育的过程中不断上浮，一边上浮，一边发育，直到几乎到达海水表层了，它也就发育成小虾了。小虾在海水表层觅食、生长，以藻类等微小的浮游植物为食，集群生活，有时密度达到每立方米1万~3万只。等它们发育成熟，又开始进行下一代繁殖。成群的磷虾浮游在海面之下时，海水呈现出一大片粉红色。

磷虾最长仅6厘米，重约2克，生命周期6~7年。据科学家们调查统计，目前在南大洋中游弋的磷虾起码有10亿吨之多。经研究推测，每年捕获1亿~1.5亿吨不会影响海洋生态，这一数量相当于当今世界每年渔产总捕获量的两倍。近年来，已有10多个国家派出船队，远航至南大洋进行磷虾的商业性试捕研究。磷虾作为留存在地球上最大的蛋白质资源，也是地球上数量最大、繁衍最成功的生物资源之一，除了具有营养食用价值外，还具有医学、营养学、药学等价值。

磷虾可以制成面食、肉酱、鱼丸、香肠、佐料、饮料，也可以制成动物食品。近年来，随着对南极磷虾的深入研究，对磷虾的关注从营养物质转向了生物活性物质的开发利用。如磷虾中含有的虾青素可用于药品、保健品以及化妆品制造业中；虾肉蛋白可制得食源性降血压多肽；甲壳素可开发为除臭剂及医药用品；多糖降解活性具有高效降解寡糖的功能；含氟量高，可以研究开发氟材料及相关产品；生物活性物质具有紫外屏蔽物质，可以起到防晒保护作用；消化腺所产生的多种水解酶具有水解活性，能够清创、治疗溃疡和促进创伤的愈合，在洗涤业和医学治疗方面用途广泛……在捕获量不影响整个南极食物链及生态环境的前提下，中国近年来也成为捕获磷虾的主要国家之一，南极磷虾资源开发现已成为我国重要的国家战略，对我国远洋渔业的可持续发展具有重大意义。中国是世界上最大的鱼粉进口国，探捕磷虾有望缓解供应紧张，增进中国粮食安全；体现中国在南极海洋生物资源开发利用方面的实质存在；带动地方经济，尤其是沿海各省区市的经济发展、远洋渔业的转型升级和竞争力提升；还将带动海洋生物制药、海洋装备制造等产业的发展，进而形成海洋战略性新兴产业集群。

虽然中国的磷虾捕捞起步较晚，但是中国一直坚持开发与保护并重，严格控制捕捞量。为最大限度地保护南极生态环境，中国的每条磷虾捕捞船都派驻观察员监督整个探捕过程，所有生活垃圾作无害化处理或随船带回港口。目前，中国南极磷虾渔业处于试验性商业开发的初级阶段，对中国而言，磷虾的综合开发利用是一项更为棘手的产业命题。但我们有理由相信，中国有实力开发好南极磷虾。

由于磷虾对南极生态系统的作用至关重要，目前有一些国家商业捕捞量过多，还有各种海洋污染直接或间接地导致磷虾的种群密度急剧降低，引起了环保组织的担忧。保护南极磷虾永远比开发南极磷虾重要，世界各国都应该重视保护南极海域中以磷虾为依托的生态系统，制定长久的策略，善用资源，造福后世子孙。

· 其他鱼类

南大洋有270多种鱼类，主要分布在沿岸的陆架区，营养丰富的海域造就了世界上最多产的大型渔场。南极海域拥有丰富的海洋生物，主要由于强劲的洋流和飓风大量冲积重要的营养物质并使之分布于海水中，为海洋生物提供了绝佳的生存环境；低温的海水较温水更能保存分解后的重要气体元素，包括氧、碳等；还有南极夏季日照时间较长，有利于光合作用，使得海藻类植物大量、迅速生长，构成了南极地区食物链的基本环节。

在南大洋中，有些鱼类显得与众不同。科学家研究了几种令人惊奇的物种，比如南极鳕鱼和美露鳕，它们血液中含有"抗冻蛋白质"，因此它们可以生活在零度以下的水域不被冰冻。还有裘氏鳄头冰鱼，一种非常奇特的脊椎动物，也是唯一一种血液中不含血红蛋白的动物。它们通过血浆输送氧气，血液呈乳白色。因为血浆输送氧气的能力只有其他含血红细胞的鱼血的10%，为了弥补这一点，它们的血液含量多，心脏大，血管粗，鱼鳃面积广，甚至可以利用尾巴获取氧气。大多数在低温环境下生存的鱼类，除了血液中含有较高的盐分外，还含有钾、碘、氯等元素，使其血液在低温环境中不凝固。

南大洋中的鱼类生长都很缓慢，大多数鱼类要5～7年才可以进行交配。起初由于无节制地捕鱼，有一些种群已经因为商业捕捞而濒临灭绝。南极海洋生物资源保护委员会努力通过年度捕捞配额系统及监督检查进行控制，希望可以制定出可持续发展的捕鱼限制标准。世界各国已经逐渐重视南极海域中丰富的鱼类资源，但是科学的研究、适当的船舶设备、整体的资源规划、国际的合作，特别是生态环境的保护才是获取这一资源的前提。

PART 3
爱上南极

第一节　保护南极须知

近几十年来，南极经受的污染教训惨痛。比如 1989 年 1 月 28 日，阿根廷海军供应舰 Bahia Paraiso 号在南极半岛美国帕尔默站附近触礁，导致 25 加仑成品油泄入海中，大量磷虾、海豹和海鸟遭殃；2 月 7 日，英国供应船 HMS endurance 号在梦幻岛附近与冰山相撞，大量石油泄入埃斯波兰萨湾；2 月 28 日，秘鲁科考船 BIC Humboldt 号在乔治岛附近导致燃油泄漏……这些事故对南极环境造成了大规模污染。南极科研站产生的垃圾等如果处理不正确，长久以往也会对南极的原生态环境造成影响。由于近海岸石油污染以及人类在南极辐合带滥捕鱼类，已经造成企鹅、海鸟、海豹、鲸等数量锐减，这一系列问题已经引起了人们的关注，给人类敲响了警钟。保护南极势在必行，刻不容缓。

· 保护南极条约

基于此，《南极条约》《马德里议定书》《南极海洋生物资源养护公约》等保护南极的条约应运而生。

其中，最重要的莫过于《南极条约》（ *The Antarctic Treaty* ）。《南极条约》是科学家和外交家秉承国际合作精神编成的法典，由参与国际地球物理年南极活动的 12 国于 1959 年共同签署的，自 1961 年生效，对南极大陆的活动进行管理和制约。截至 2012 年 1 月，《南极条约》已有 50 个成员国，代表了世界上 80% 的人口，任何一个在南极进行重要科学研究的国家都可成为拥有完全表决权的协约国。《南极条约》的目标是把南极设定成一个用于科学研究的和平宁静的自然保护区，成员国之间每年开展会议，探讨科学合作、环境保护措施、旅游管理和历史景点保护等多样化议题，并在一致同意的基础上制定决策。

南极大陆

《南极条约》规定凡在南极洲活动的国家，在使用南极大陆的问题上必须进行协商。《南极条约》极其简短，却显著有效。这里没有任何军事行动，环境受到全面保护，科学研究是首要目标。条约承认为了全人类的利益，南极应继续并永远专用于和平目的，不应成为国际纷争的场所和对象。

《南极条约》由序言和十四条协议组成，十四条协议分别是：

第一条

1. 南极洲应仅用于和平目的。在南极洲，应特别禁止任何军事性措施，如建立军事基地和设防工事，举行军事演习，以及试验任何类型的武器。

2. 本条约不阻止为科学研究或任何其他和平目的而使用军事人员或设备。

第二条

有如在国际地球物理年中所实行的那种在南极洲进行科学调查的自由和为此目的而实行的合作，均应继续，但应受本条约各条款的约束。

第三条

1. 为了按照本条约第二条的规定促进在南极洲进行科学调查的国际合作，各缔约国同意，在切实可行的最大范围内：

（a）进行有关南极洲科学项目计划的情报的交流，使工作能达到最大限度的经济和效率；

（b）进行南极洲各探险队和工作站之间科学人员的交流；

（c）进行从南极洲得来的科学观察和成果的交流，并使其能供自由利用。

2. 在实施本条时，应从各方而鼓励同对南极洲具有科学或技术兴趣的联合国各专门机构及其他国际组织建立合作工作关系。

第四条

1. 本条约中的任何规定不得解释为：

（a）任何缔约国放弃它前已提出过的对在南极洲的领土主权的权利或要求；

（b）任何缔约国放弃或缩小它可能得到的对在南极洲的领土主权的要求的任何根据，不论该缔约国提出这种要求是由于它本身或它的国民在南极洲活动的结果，或是由于其他原因；

（c）损害任何缔约国关于承认或不承认任何其他国家对在南极洲的领土主权的权利、要求或要求根据的立场。

2. 在本条约有效期间发生的任何行动或活动不得成为提出、支持或否认对在南极洲的领土主权的要求的根据，或创立在南极洲的任何主权权利。在本条约有效期间，不得提出对在南极洲的领土主权的任何新要求或扩大现有的要求。

第五条

1. 禁止在南极洲进行任何核爆炸和处理放射性废料。

2. 如果缔结关于核能的使用，包括核爆炸和对放射性废料的处理的国际协定，而其代表有权参加第九条所规定的会议的缔约国又都是这种协定的缔约国，则这种协定所确定的规则也应适用于南极洲。

第六条

本条约各条款适用于南纬六十度以南的地区，包括一切冰架在内，但本条约中的任何规定不得妨碍或以任何方式影响任何国家根据国际法对该地区内公海的权利或权利的行使。

第七条

1. 为了促进本条约的目标并保证本条约的条款得到遵守，各个其代表有权参加本条约第九条所提及的会议的缔约国有权指派观察员，进行本条所规定的任何视察。观察员应为指派他们的缔约国的国民。观察员的名单应通知每个有权指派观察员的其他缔约国，观察员的任命终止时，应发出同样的通知。

2. 按照本条第 1 款的规定指派的每一观察员，有在任何时候进入南极洲的任何或所有地区的完全自由。

3. 南极洲的所有地区，包括在此地区内的一切工作站、设施和设备，以及在南极洲的货物或人员装卸点的一切船只和飞机，应随时接受按照本条第 1 款指派的任何观察员的视察。

4. 任何有权指派观察员的缔约国得在任何时候对南极洲的任何或所有地区进行空中视察。

5. 各个缔约国应在本条约对其生效时将下列事项通知其他缔约国，其后则应预先通知：

（a）其船只或其国民组成的前往南极洲和在南极洲内的一切探险队，以及在其领土上组织的或从其领土出发前往南极洲的一切探险队；

（b）其国民所占用的在南极洲的一切工作站；

（c）在本条约第一条第 2 款所规定的条件的限制下，打算由其引进南极洲的任何军事人员或设备。

第八条

1. 为了便利下述人员行使其根据本条约所规定的职能，而不损害各缔约国有关对在南极洲的一切其他人的管辖权的各自立场，根据本条约第七条第 1 款指派的观察员和根据第三条第 1 款第（b）项进行交流的科学人员，以及随同任何此种人员的工作人员，对其在南极洲时行使其职能的一切行为或不行为，只服从其作为国民所属的缔约国的管辖。

2. 与涉及在南极洲行使管辖权的任何争端案件有关的缔约国，应在不损及本条第 1 款规定的条件下，并在按照第九条第 1 款第（e）项的规定采取措施前，立即进行磋商，以便达成一项彼此可以接受的解决办法。

第九条

1. 本条约序言中列举的各缔约国的代表应在本条约生效后 2 个月内在堪培拉市开会，此后间隔适当的时间在适当地点开会，以交流情报，就关于南极洲的共同关心的事项进行协商，并制定、审议和向其政府建议为促进本条约的原则和目标的措施，其中包括关于下列事项的措施：

（a）仅为和平的目的而使用南极洲；

（b）对在南极洲的科学研究提供便利；

（c）对在南极洲的国际科学合作提供便利；

（d）对本条约第七条所规定的视察权利的行使提供便利；

（e）有关在南极洲行使管辖权的问题；

（f）南极洲生物资源的保护和保存。

2. 按照第十三条加入本条约的各个缔约国，在其在南极洲进行实际的科学研究，如建立一个科学工作站或派遣一支科学探险队，从而表示其对南极洲的兴趣期间，有权指派代表参加本条第 1 款所提及的会议。

3. 本条约第七条所提及的观察员的报告，应分送参加本条第 1 款所提及的会议的各缔约国代表。

4. 本条第 1 款所提及的措施，经所有其代表有权参加为审议这些措施而召开的会议的缔约国核准后发生效力。

5. 本条约所确定的任何或所有权利得自本条约生效之日起行使，不论为此种权利的行使提供便利的任何措施是否按照本条规定已经提出、经过审议或得到核准。

第十条

每个缔约国承诺作出符合联合国宪章的适当努力，以达到任何人都不在南极洲从事违反本条约的原则或宗旨的任何活动的目的。

第十一条

1. 如果两个或两个以上的缔约国之间产生任何关于本条约的解释或应用的争端，这些缔约国应彼此进行协商，以便通过谈判、调查、调停、调解、仲裁、司法解决或它们自己选择的其他和平方法来解决其争端。

2.任何未能用上述方法解决的具有这种性质的争端，应在每次经该争端所有各方同意后提交国际法院解决，但如果不能就提交国际法院的问题达成协议，该争端各方并不因此免除继续寻求用本条第1款所述各种和平方法中的任何一种方法解决该争端的责任。

第十二条

1.（a）本条约得在任何时候经所有其代表有权参加第九条所规定的会议的缔约国的一致协议加以修改或修正。任何这种修改或修正，在保存国政府收到所有这些缔约国已经批准的通知之时起生效；

（b）此后，这种修改或修正对于任何其他缔约国应自保存国政府收到其批准通知时起生效。如果自修改或修正按照本条第1款第（a）项的规定生效之日起两年期间内未收到某一缔约国的批准通知，该国应自两年期满之日起被认为退出本条约。

2.（a）自本条约生效之日起满三十年后，如经任何其代表有权参加第九条所规定的会议的缔约国具文向保存国政府提出召开会议的请求，应根据实际情况尽早举行缔约国全体会议，以审查本条约的实施情况；

（b）本条约的任何修改或修正，经有代表出席上述会议的缔约国的多数，其中包括其代表有权参加第九条所规定的会议的缔约国的多数，在上述会议上通过时，应在会议结束后由保存国政府立即通知所有缔约国，并应按照本条第1款的规定生效；

（c）如果任何这种修改或修正未按照本条第1款第（a）项的规定在通知所有缔约国之日后两年内生效，任何缔约国得在两年期满后的任何时候通知保存国政府退出本条约，这种退出自保存国政府收到通知后两年起发生效力。

第十三条

1.本条约须经各签署国批准。联合国任何会员国，或经其代表有权参加本条约第九条所规定的会议的所有缔约国同意邀请加入本条约的其他国家，均得加入本条约。

2.各个国家应按照其宪法程序批准或加入本条约。

3.批准书和加入书应交经指定为保存国政府的美利坚合众国政府保存。

4.保存国政府应将每份批准书或加入书交存的日期和本条约及本条约的任何修改或修正生效的日期通知所有签署国和加入国。

5.自所有签署国交存其批准书时起，本条约即对这些国家和对已经交存加入书的国家生效。此后，本条约对于任何加入国，自其交存加入书时起生效。

6.本条约应由保存国政府遵照联合国宪章第一百零二条办理登记。

第十四条

本条约用英文、法文、俄文和西班牙文写成，各种文本具有同等效力，本条约保存在美利坚合众国政府的档案库内，该政府应将本条约经正式核证的副本分送各签署国和加入国政府。

下列署名的全权代表，经正式授权，在本条约上签字，以资证明。

一九五九年十二月一日订于华盛顿

《南极条约》之后，后续法规进一步将环境保护编制成法典，其中最重要的就是《马德里议定书》（Madrid Protocol，1991年），或称《南极环境保护议定书》。《马德里议定书》其中，比如第14条第11款规定了签署的成员国必须接受定期检查，包括对各国南极考察站活动对环境影响的评价、动植物的保护、废物管理及保护区的管理等，最后都将公示在检查报告中，并由视察员提出改进建议。这份议定书及其附加协议为在南极冰原上进行的所有活动制定了环境保护原则，禁止采矿，并且在所有新项目实施之前都必须进行环境影响评估。《马德里议定书》将南极设定为一个自然保护区，条约中规定了环保的原则、处理程序及需要遵守的义务，以保证各种活动不影响南极环境和科学考察活动，保护南极生态系统。各协约国一致同意按照其各自的法律体系，尽力维护协约中的规定。

还有南极海洋生物资源保护委员会（Convention for the Conservation of Antarctic Marine Living Resources，1980年），这一组织旨在保护南极周围海洋中栖息的物种，并对捕鱼活动进行管理。

南极环保行动也在吸引一些知名企业和个人参与，比如由极地探险家、环保领袖和演说家罗伯特·斯旺创立并率领的2041南极小队，从2003年首次远征，到后来世界各地有超过700位企业领导人、教育工作者、学生和企业家加入过他们的队伍。之所以起名叫2041，是因为《南极条约》将在2041年到期，届时冻结的主权以及资源开采权利的规定有可能被取消或修改。为了保护南极的和平科学利用，罗伯特·斯旺组织和影响了众多有志青年，参与南极探险和教育之旅。罗伯特·斯旺希望通过实践、创造性的活动和调查，加深大家对美丽的南极大陆的认识，激发学习者采取行动，无论个人还是集体，都可以发挥积极作用。越来越多的组织和个人行动起来了，也许大家做那么多并不是为了改变南极，而是为了不改变南极。

· 游客注意事项

针对南极游客的污染问题，1991 年 8 月，英国、澳大利亚、新西兰、德国和法国等较早开展南极旅游业务的 7 个全国旅游经验团体组成了国际南极旅游业者协会（IAATO），推动环保教育和公众对南极科学事业的支持，现在成员国已有 10 多个国家、100 多家旅游企业或个人。1992 年第 17 届南极条约协商国（ATCM）会议上，法国、德国、智利、意大利和西班牙联合提出建议制定了《南极游客指南》，以及"组织和实施南极旅游及其他非政府活动指南"来规范南极旅游，开始了南极旅游的法制化进程。随后英国代表建议修改《南极游客指南》，提倡对南极分区管理，对南极大陆的不同地点采取不同的旅游管理制度，对南极特别保护区禁止或限制旅游活动，但是在其余地区放宽限制。如今，ATCM 对南极的游客和旅游组织者都设定了措施、决定和决议三类方式来保护南极的环境，维护南极动植物和微生物的原始生长环境。

· IAATO 对游客及组织者的规定

1. 夜航时拉下窗帘。因为邮轮在南大洋夜航时，船上明亮的灯光会令夜间飞行的海鸟如海燕和南极贼鸥等迷失方向，它们会在船上的甲板着陆。由于海鸟的脚不善于行走，降落了就难以再起飞。所以 IAATO 努力游说船只，减少甲板上的照明灯、减低光亮度，并促请船员妥善协助海鸟再次振翅高飞。据说在能见度低的日子，一个晚上就会有数以百计的海鸟降落到船上。因此，夜航时要求游客拉下窗帘的原因就显而易见了。

2. 上岸时洗涤鞋履。来自世界各地的游客有很大概率把细菌、种子等外来有机物带到南极大陆，改变当地的生态。因此，游客在离船登岸前要彻底清洁衣物、鞋履和手提装置。船只上大都设有洗鞋区，专为登岸前后洗涤和消毒用。

3. 登岸时保持安静。游客离船登岛中间由驳艇接载，在登岸的地方有时候会临近海鸟、企鹅、海豹的栖息地。为了免滋扰或伤及这些动物，驳艇会慢慢行驶，游客也要保持安静，避免影响到南极动物的作息。

4. 观赏动物时至少保持 5 米。所有南极的物种都归入受保护之列，不能随意触摸和喂食，而且还要与之保持距离。尽管有些动物看起来对附近有人并不在意，但实际上它们心理可能会存在一定的压力。据观察，即使游客待在远离企鹅栖息地 30 米开外，仍会导致企鹅们心跳急剧加速，游客参观离开后 3 天内，企鹅们离开和回到栖息地时甚至都可能不选择平常习惯的路线。有些动物如毛皮海豹在换毛时情绪很不稳定，容易动怒，严重者会咬人。因此离动物们越远，它们也就会表现得越自然。IAATO 建议至少保持 5 米，距离毛皮海豹不得小于 15 米，贼鸥最好退至 25 米之外观察，总的来说，越远越好。

有些生物学家有时即便在海岸上，也会选择用望远镜或远距镜头观察动物。企鹅群居栖息，不要闯进它们的领土范围，只在外围观察；不要挡住它们前往大海的道路。海豹基本上在岩石或海冰上栖息，一点声音、气味和踪影都会惊动它们，游客行动要放慢，脚步要放轻；不要在海滩与海豹之间横过，避免挡着它们的视线；不要围观或分隔雌海豹和小海豹，以免激怒雌海豹，引起攻击。海鸟在草丛筑地巢，切忌走进草丛中，无意间破坏它们的巢穴；留意不要阻碍它们的出入口，以免延误它们返巢的时间，增加小海鸟被其他生物猎食的机会。

5. 野外活动时注意安全。做好措施预防南极恶劣多变的天气，确保自己的衣服和设备符合南极要求。清楚自己的能力及南极存在的风险，制定活动计划时时刻保持安全意识。注意并遵从领队人员的建议及要求，不掉队。没有合适的设备和丰富的经验不要走上冰川或雪原，否则可能存在跌入掩盖着的冰裂缝中的危险。除非有紧急情况，否则不要随便进入紧急避难室。如果使用了某个避难室中的设备或食物，一旦度过危机要及时通知最近的南极科考站或相关国家机构。绝对禁止吸烟，禁止明火。

6. 行走时不可损伤植物。严寒之下，南极各类植物包括苔藓及地衣都十分脆弱，它们是靠着点点湿气滋润和小小风挡环境赶紧生长，而且它们的生长速度十分缓慢。因此，不要在青苔覆盖的土地或斜坡登陆；切勿踩踏植被，一旦在苔藓床上踏上脚印，10 年后甚至还清晰可见；不要在苔藓苗床或地衣覆盖的石面行走、驾车或站立，以免破坏它们的生长进程；请沿着预先铺设好的道路行走。

7. 参观保护区或科研区时取得许可。南极许多地区划分为特别保护区，因为在这里进行着生态学、历史学及其他有价值的科研活动，除非获得有关机构的特许，否则不可以进入保护区。特别清楚保护区的位置，以及注意进入保护区的限制要求，必须明确特别保护区域的地点及禁止进入的路线和活动。在历史遗迹、纪念碑或其他特别地区活动时也有特别的限制规定，不能移动或破坏历史遗迹、纪念碑、手工艺品及其他相关物品。不要干扰或破坏科学研究的设备器材以及设施。探访南极科研单位、使用有关设备之前，必须获得特许，在到达前 24 ~ 72 小时应再次确认，严格遵守此类参观活动的行为规范。不要干扰或移动任何科研器材及标杆，不得影响实验研究处所、研究人员的帐篷及补给品。

8. 离岸时不可携带东西。不要在石头或任何建筑物上刻写名字或涂鸦。不得采集纪念物品，不可带走任何南极的动植物及人造物品，包括岩石、遗骨、蛋、化石、石头或建筑物内的任何器物、研究考察的仪器设备等。南极大陆露出的石头原本就不多，而且这些石头还是企鹅以及南极其他鸟类筑巢的必需材料。

南极大陆

南极大陆

几只企鹅在一块浮冰上躲避暴风雪

第二节 更多地了解南极

想要更多地了解南极的面貌，最好的方式是亲自去一趟南极。虽然目前南极旅游对绝大多数人来说还是高端旅游，但是随着休闲旅游、度假旅游逐渐代替传统的观光旅游，高端和个性化旅游产品将越来越多地引起公众的关注和重视，南极游就是高端旅游市场的一种尝试。随着近年来中国经济快速发展，高收入人群数量增加，南极已经逐渐成为国内旅行的热门。除了本书之外，还有一些视频和书籍供大家足不出户，目行千里，了解南极。

· 南极旅游状况

南极旅游业开始于 20 世纪 50 年代末，以智利和阿根廷利用海军运输船运载 500 余名付费旅客前往南设得兰群岛游览为标志。1969 年，美国企业家及探险家拉斯·诶瑞克·林德布拉德（Lars Eric Lindblad）建造了世界上第一艘南极游船 Lindblad Explorer，现代意义的南极旅游业正式拉开序幕。南极洲最早的大规模游客访问发生在 1973 年，当时西班牙游船 Cabo San Roque 号搭载 900 名乘客到达南设得兰群岛和南极半岛。

据近 30 年的统计，国际南极旅游业呈快速增长趋势，旅游人数从 1980 ～ 1981 年度的 700 多人次激增至最近的 4 万多人次。就中国来说，开展南极考察的 30 多年来，中国在南极的活动主要是国家组织的科学考察，南极旅游尚属新兴旅游产业。

2007 年，中国首个"南极旅游团"赴南极旅游，人数为 25 人。此后，中国出游南极的人次渐多。根据 IAATO 资料显示，2011 ～ 2012 年度，中国赴南极旅游 1 158 人，占南极旅游总人数的 4.4%，全球排名第六位；2012 ～ 2013 年度，中国赴南极旅游 2 328 人，占总数的 6.8%，全球排名第五，排序前四的依次是美国、德国、澳大利亚、英国；2013 ～ 2014 年度，世界各国到南极旅游的总人数约 37 000 人，其中，美国约 12 400 人，占 33%，澳大利亚 4 000 多人，占 11%，中国 3 367 人，占总数的 9%，已经超过德国、英国，位列全球第三；2014 ～ 2015 年度，中国赴南极旅游 3 042 人，占总数 8%，位列全球第四；2016 ～ 2017 年度，中国游客登陆南极大陆的人数从 3 000 多人增加到超过 5 000 人，中国超过澳大利亚，成为南极旅游的第二大国。

由此可见，中国已经成为南极旅游大国，但相对国际旅游同行的发展态势，国内对南极旅游环境与资源的认识、发展南极旅游业的基本观念还停留在初级阶段。而且在国际旅游市场中，国内旅行社并不掌握南极旅游资源，也没有话语权。目前，国内还没有一艘拥有国际南极组织协会运营资质的南极邮轮，也没有一条空中航线。中国游客基本上由国内旅游机构组团，在南极门户港包船或拼团，乘国外邮轮或飞机前往南极。

然而，也正因为中国南极旅游还处在萌芽和尝试阶段，消费市场远未充分开发，拥有巨大的发展空间。因此，在国际南极旅游日臻完善、国内需求不断扩大的情况下，发展国内南极旅游业不仅有利于旅游产业结构的优化和升级，也有利于满足内需，更是和平利用南极的重要方式。毕竟可持续的南极旅游，能让人类更加了解南极，真正接触南极和决心保护南极。虽然去南极旅游费用不菲，但是能够领略地球上最极致的风景，绝对让你不虚此行。很多人说，从南极回来后，就只想去月球了。

· 经典南极文学

1. 《古舟子咏》（*The Rime of the Ancient Mariner*），塞缪尔·泰勒·柯勒律治（Samuel Taylor Coleridge），1798 年。

2. 《阿·戈·皮姆的故事》（*The Narrative of Arthur Gordon Pym*），埃德加·艾伦·珀（Edgar Allan Poe），1837 年。

3. 《海底两万里》（*20，000 Leagues Under the Sea*），儒勒·凡尔纳（Jules Verne），1870 年。

4. 《坚韧号：沙克尔顿的不可思议之旅》（*Endurance：Shackleton's Incredible Voyage*），阿尔弗雷德·兰辛（Alfred Lansing）。

5. 《南极》（*The South Pole*），罗尔德·阿蒙森（Roald Amundsen）。

6. 《斯科特的最后一次远征》（*Scott's Last Expedition*），罗伯特·F·斯科特（Robert F. Scott）。

· 经典南极摄影

1. 《伟大的白色南方》（*The Great White South*），赫尔伯托·邦汀（Herbert Ponting）。

2. 《南极摄影，1910 ~ 1916：斯科特，莫森和沙克尔顿的远征》（*Antarctic Photographs，1910~1916：Scott，Mawson and Shackleton Expeditions*），赫尔伯托·邦汀（Helberto Bunting）、弗兰克·贺理（Frank Hurley）。

3. 《遗失的斯科特船长摄影：来自传奇南极远征的未面世摄影》（*The Lost Photographs of Captain Scott：Unseen Photographs from the Legendary Antarctic Expedition*），大卫·M·威尔森（David M. Wilson）。

4. 《南极洲》（*Antarctica*），艾略特·波特（Eliot Porter）。

· 经典南极电影

1. 《帝企鹅日记》（*La marche de I'empereur*），导演：吕克·雅克（Luc Jacquet），2005 年。

2. 《南方》（*South*），导演：弗兰克·贺理（Frank Hurley），1998 年。

3. 《在世界尽头相遇》（*Encounters at the end of the World*），导演：沃纳·赫尔佐格（Werner Herzog），2007 年。

4.《南极洲：冰上的一年》，（*Antarctica: A Year on Ice*），导演：安东尼·鲍威尔（Anthony Powell），2013 年。

5.《伟大的白色寂静》，（*The Great White Silence*），导演：赫伯特·G·庞廷（Herbert G. Ponting），1924 年。

6.《南极物语》，导演：藏原惟缮，1983 年。

7.《南极之恋》，导演：吴有音，2018 年。

· 经典南极网站

1. 罗伯特·斯旺创立并率领的 2041 南极小队（www.2041.com）。

2.《南极条约》（www.ats.aq）。

3. 美国南极计划（www.usap.gov），南极点网络摄像头。

4. 阿蒙森－斯科特南极站（www.southpolestation.com），非官方的南极点信息与逸事。

5. 澳大利亚南极洲数据中心（data.aad.gov.au），南极洲观察结果交流中心。

6. 南极洲高清图片（lima.usgs.gov）。

7. IAATO 网站（www.iaato.org）。

· 经典南极音乐

1.《南极交响曲》（*Antarctic Symphony*），彼得·马克斯韦尔·戴维斯爵士（Sir Peter Max-well Davies）第八交响曲。

2.《南极交响曲》（*Sinfonia Antartica*），拉尔夫·沃恩·威廉斯（Ralph Vaughan Williams）第七交响曲。

一队正在赶路的帽带企鹅

南极半岛的山水千姿百态

南极大陆的冰河

PART 4
探索北极

在环绕北极的这个"圆圈"里，分布着俄罗斯、加拿大、挪威、瑞典、芬兰、美国、丹麦、冰岛等国家。
北极离人类比较近，是人类较早开始探索的人间"乐土"。

第一节　抵达北极点

· 进入北极圈

据记载，第一个向北极进军的是古希腊航海家毕则亚斯。毕则亚斯出生在古希腊属地马赛利亚（即现在的法国马赛），公元前 331 年，他为了替马赛利亚的希腊商人寻找锡和琥珀，驾船向北进发，他大约用 6 年完成了这次航行，于公元前 325 年回到马赛利亚，不久后死去。后人通过他的航海日志推断他进入了北极圈，因为日志中有这样的纪录："这里太阳落下去不久很快又会升起。"

· 北纬 72° 12′ ~ 79° 49′

毕则亚斯去世之后直到 16 世纪中期，人类在北极的探险活动大体空白。直到受到《马可·波罗游记》的驱动，欧洲各国纷纷激起了去东方寻宝的热情。但早期欧洲海上强国西班牙、葡萄牙控制了传统的海上通道，来往商船均被课以重税，从而迫使其他国家寻找通往亚洲的"西北通道"和"东北通道"。

英国人成立了各种商业探险公司，其中，于 1585 年成立的一家"西北公司"的首席航海家约翰·戴维斯（John Davis），先后一共进行了 3 次探索西北航线的航行。在最后一次航行中，约翰绕过格陵兰岛南部的费尔维尔角（Cape Farewell），沿海岸线航行抵达桑德森·霍普，于 1588 年为大不列颠赢得了抵达当时最北端的纪录，北纬 72° 12′。

冰岛的欧亚大陆分界点

荷兰人更感兴趣东北航线，因为他们听说英国人在对东北航线的探索中与俄国建立了通商关系并取得了巨大利益。荷兰探险家威廉·巴伦支（Wm.Barent）也先后 3 次进行了探索东北射线的航行，在第 3 次探险中到达了北纬 79° 49′，创造了新的北进纪录。他们本想继续向东北行进，不料被冰封住，但是他们克服了困难顽强地生存了下来，成为首批在北极越冬的欧洲人。他们还绘制了北极精准海图，留下了详细的航海日志。

· 北纬 80° 23′ ~ 86° 34′

在北纬 80° 23′ ~ 86° 34′ 这段征程里，伴随着此起彼伏的贡献和牺牲。是的，牺牲，我们不得不正视这个词语，不管是对人类，还是对北极的动物而言。

1607 年，英国一家俄国公司派遣亨利·哈德逊（Henry Hudson）探索穿越北极点到达中国的航路，哈德逊发现了环绕斯匹次卑尔根群岛（Spitzbergen）的扬马延岛（Jan Mayen），北进到北纬 80° 23′。在这一次航行中，哈德逊发现大量鲸和海象，在随后几年里，这片海域挤满了来自各个沿海国家的捕鲸船队。这些船队在斯匹次卑尔根群岛建立了夏镇，渔汛期围绕捕鱼周边的行业欣欣向荣，冬季来临，所有建筑物关闭，数千人浩浩荡荡返回家乡。在下一次航行中，哈德逊因船员的叛乱丧命。

哈德逊的纪录保持了 165 年未被打破，直到 1773 年，J.C. 费普斯（J.C.Phipps）才超越哈德逊的纪录向北进 40 千米。

1831 年 6 月 1 日，英国探险家约翰·罗斯（John Ross）和詹姆斯·克拉克·罗斯（James Clark Ross）发现了北磁极。

1871 年，美国人查尔斯·弗朗西斯·霍尔（Charles Francis Hall）驾驶"北极星"（Polaris）号通过凯恩湾和肯尼迪海峡，驶过霍尔湾和罗伯逊海峡，进入极地海洋，把舰船带到了史无前例的北纬 82° 11′。

1876 年，英国装备精良的"警戒"（Alert）号轮船在乔治·内尔斯（George Nares）的指挥下穿越"北极星"号 5 年前到达的地点以北，在极地海洋上抵达了北纬 83° 20′。

1893 年，基于北极浮冰向西漂移的假设，挪威探险家弗里乔夫·南森（Fridtjof Nansen）首次提出以漂流的方式向北极点进发，并率领"弗莱姆"（Fram）号开始了为期 3 年的航程，其间，他最远到达了北纬 85° 55′。后来，"弗莱姆"号被冻结在浮冰中，1895 年 3 月 14 日，南森和一名伙伴约翰森带着独木舟、狗、雪橇和 3 个月的补给品按计划离开船向北极点进发，抵达北纬 86° 12′。

1901 年，意大利王室年轻成员阿布鲁奇（Abruzzi）公爵赞助了由卡尼（Cagni）率领的队伍，他们从弗朗兹·约瑟夫地最北端出发，到达了北纬 86° 34′。

· 抵达北极点

1886 年，一次简短的格陵兰夏日之旅激发了美国海军土木工程师罗伯特·E·皮尔里（Robert E. Peary）对极地的兴趣。1898 ~ 1909 年，皮尔里经过了 3 次努力，最终到达北极点。

皮尔里坚信能帮助他赢得这场胜利的原因，一是他认为北极的冬季是探险的最好季节；二是他适应了因纽特人的生活方式。皮尔里不仅在居住方式、行进方式和衣服鞋袜等方面采用了因纽特人的办法，还训练因纽特人成为他的雪橇队员，利用北极驯鹿、麝香牛等新鲜的肉食，保持队员的健康和好脾气来度过令人沮丧的冬夜。皮尔里相信因纽特人通过数世纪的经验，已经掌握了与严苛的北极气候搏斗的最有效的方法。

皮尔里在 1898 ~ 1902 年持续四年的首次北极探险中，未能接近北极点，密实的浮冰阻挡了通往极地海洋的航道，迫使他在距离北极点约 1 100 千米的地方建立了基地，而这个基地离北极点距离过大了。1906 年，皮尔里第二次尝试，这一次他设计和建造了"罗斯福"（Roosevelt）号，试图通过它不可抵挡的构架抵达极地海洋。在这一次航行中，皮尔里创下了北纬 87° 6′ 的新的世界纪录，但是不同寻常的大风阻止了他的脚步，还差一点要了他的命。

1909 年，皮尔里开始第三次北极探险。终于在 4 月 6 日，皮尔里获得了人类 4 个世纪以来共同努力的最终奖赏——到达北极点。他在当天的日记中写道："我 20 年的梦想和目标。终于是我的了！我不能说服自己那已成为事实。一切看来都是那么简单和平常。"皮尔里的北极探险以无可争辩的事实证明：从格陵兰到北极点不存在任何陆地，整个北极都是一片坚冰覆盖的大洋。皮尔里在哥伦比亚子午线午夜执行了一系列令人满意的观测，这些观测显示当时他们的位置跨越了北极点。东、西和北已经在他们面前消失，只有一个方向保留，那就是南。假如他们整个北极冬夜的 6 个月都站在那个地点，他们应该会看见北半球的每颗星星在离地平线相同距离的天空中环行，其中，北极星几乎正在天顶。

人类在抵达北极点的竞争中不乏拿生命冒险的人，他们除了带来新的地理发现，还带回了有关动植物、风向和洋流、深海气温、水深点、地球磁性、化石和岩石样本、潮汐数据等实物和信息。这些丰富的信息充实了科学的分支，大大增加了人类知识总量，延伸了科学的疆界。而皮尔里之所以能够成功，来自他积累的经验，和极少数人能够拥有的强健体质，还有他能够找到方式跨越所有障碍的足智多谋、永不言败的韧性和勇气。

北极之门

北极的山丘

破冰船行驶在法兰士约瑟夫地群岛之间

虽然抵达北极点的竞赛已经结束，但各种挑战极限的壮举却未停止。20世纪开始了飞行器的时代。1926年，第一位抵达南极点的挪威探险家阿蒙森和美国人林肯·埃尔斯沃斯（Lincoln Ellsworth）、意大利飞艇设计师安伯托·诺比尔（Umberto Nobile）第一次驾驶可操纵的飞艇降落在北极点。1978年，日本探险家植村直己乘狗拉雪橇完成了人类历史上第一次孤身到达北极点的壮举。1986年，法国医生爱提厄第一次靠人力独自滑雪到达北极点。

第二节　游历北极圈

北极圈内大部分区域是冰封的海洋，陆地部分分别属于俄罗斯、加拿大、挪威、瑞典、芬兰、美国、丹麦、冰岛等国家。这几个国家都开展了北极相关的旅游项目，包括北极地区的陆地、岛屿、海上以及空中旅游。而且不同国家开发的旅游项目不尽相同，人文、自然、科学等方面各有侧重。目前，国内也有一些旅行社开展了北极旅游项目，提供多种路线，让游客充分领略北极的人文与自然景观。

· 美国阿拉斯加州北极游

美国阿拉斯加州拥有令人惊叹的绝美风景、冰川时代形成的巨大冰川、多种多样的野生动物，其开展的北极旅游以风景优美、内容丰富著称。

冰川　阿拉斯加州拥有约5 000平方千米的冰川湾国家公园（Glacier Bay National Park），坐落在太平洋和加拿大之间。这里有175座高山，还有762个湖泊，包括绵延15千米的麦当劳湖（Lake McDonald），可以纵览阿拉斯加州因雄伟山地而形成陡峭的积雪高山，壮观开阔的峡谷山景和沿海地区引人注目的入海冰川。

动物　数以百计的秃鹰聚集在这里，大量驼鹿造成交通拥堵，数以百万计的鲑鱼在河道中产卵。去国家公园或者野生动物保护区，看看驼鹿和北美驯鹿，或者乘坐游船去看水獭、鲸和海豚。运气好的话有可能看到北极熊、棕熊等野生动物。

北极光　因为靠近磁极点，以及气候等自然条件适宜，这里经常能看到北极光，所以有专门以极光为主题的旅行线路。特别在阿拉斯加州的费尔班克斯市，该市接近北极圈，极光发生频率很高，是知名的极光观赏地。

在阿拉斯加州探索北极，可以选择多种方式：

自驾　在阿拉斯加州自驾将是一次毕生难忘的经历。租一辆汽车或房车，饱览壮观的景色、原始湖泊和高耸的山脉。有三条被命名为国家"观景小道"的路线：格伦公路

核动力破冰船直接将坚硬且厚的冰块碾碎

（Glenn Highway）和苏华德公路（Seward Highway），通过这两条公路可以进入冰川地带，还有一条阿拉斯加海上公路（Marine Highway），这条独特的渡轮航线连接着约5 600千米的沿海水域。

邮轮 阿拉斯加州的邮轮旅行也非常受欢迎，游客可以搭乘邮轮在北极圈附近进行为期10天左右的游览。邮轮驶入北极圈内冰块漂浮的海面，与冰海近距离接触。

飞行 没有体验空中观光的阿拉斯加州旅行是不完整的。乘一架水上飞机来到一座荒野小屋，或者乘一架直升机降落在冰川上，盘旋在雄伟的麦金利山上，鸟瞰这片广袤的土地。

其他 在阿拉斯加州，可以尽情体验几乎任何户外活动，如骑雪地摩托、漂流、滑雪、乘狗拉雪橇或泡温泉等。

· 加拿大北极旅游

加拿大有部分国土在北极圈内，加拿大的北极旅游也开发得十分充分。而且他们本土还有生活在北极圈内的"土著"因纽特人，所以在这里除了能一览北极风光外，还能体验独特的"土著"风情。

不过因为北极圈内自然条件恶劣，真正可行的旅游路线并不多，其中比较经典的是自驾或搭乘飞机到加拿大最北城市伊努维克，在这里申请北极探险证书，再搭乘小型飞机前往因纽特人村庄所在地图克托亚图克，体验住冰屋、吃鲸肉、穿皮袍的北极"土著"生活，了解因纽特人的历史。图克托亚图克濒临北冰洋，在这里还能直接接触冰海，参观千年冰丘，了解北极的自然状况。

· 俄罗斯北极旅游

中国游客越来越热衷于极地游，在众多赴俄罗斯北极游的游客中，中国游客人数最多。俄罗斯北极游最重要的基地在摩尔曼斯克，该城市北临北冰洋，是北极圈内最大的城市。

摩尔曼斯克位于北极圈内约北纬68°，虽然气候严寒，但受到北大西洋暖流的影响，这里临近的海终年不结冰。即使在最冷的月份，海水气温也不低于3 ℃，一年四季可以通航，是俄罗斯北方唯一的"终年不冻港"。这在寒冷的北冰洋地区显得弥足珍贵，也使它具有极其重要的战略意义。摩尔曼斯克自然资源丰富，渔业、盐业、矿业等给这座城市带来了丰厚的利润，使得这座城市比同纬度其他地方更发达、更富足，旅游服务业也相应比较完备。游客可乘邮轮沿"摩尔曼斯克—北极—摩克尔曼斯"路线游，时间长达13天；也可沿北方海路进行28天游，当然，价格都不菲。

除了搭乘邮轮进入北冰洋旅游，摩尔曼斯克陆上和海滨的旅游项目也很多，特别是在夏季极昼时，全天 24 小时都可以进行徒步、登山、皮划艇、冲浪等户外运动，尽享地处北极圈内的福利。

俄罗斯还有一个楚科奇地区也非常值得游览，在这个地区内生活着楚科奇人、科里亚克族人和西伯利亚尤皮克人等。他们也是生活在北极圈附近的"土著"，至今仍住在石屋、木屋或者用驯鹿皮做的帐篷中，以放牧驯鹿和捕鱼为生，至今依然保持着传统的生活方式。

· 北欧五国北极旅游

挪威、瑞典、芬兰、丹麦、冰岛这五个国家在北极圈内都有自己的领土。挪威全称挪威王国，意为"通往北方之路"，领土南北狭长，沿海岛屿很多，又称"万岛之国"，海岸线极其蜿蜒曲折，构成了独特的峡湾景色。瑞典全称瑞典王国，位于北欧斯堪的纳维亚半岛的东南部，是北欧最大的国家，以高工资、高税收、高福利著称。芬兰三分之一的国土位于北极圈内，与瑞典、挪威、俄罗斯接壤，南临芬兰湾，西濒波的尼亚湾，

拥有"千湖之国"之称。丹麦位于欧洲北部，因经济发达、福利较高、贫富差距极小，被人们评为"最幸福的国家"之一，是一个童话王国。冰岛是欧洲西北部岛国，介于大西洋和北冰洋的格陵兰海之间，拥有冰川、热泉、间歇泉、活火山、冰帽、苔原、雪峰、火山岩荒漠、瀑布、欧亚大陆裂隙等全世界最奇特的地况地貌。

这五个国家拥有地处北极圈内独特的旅游资源，无一例外都开展了以北极为主题的旅游项目，旅游服务行业比较发达，线路开发也比较成熟，创造了便利的旅游条件。游客可参观冰川、岩洞，乘坐皮划艇欣赏冰海中巨大的冰川和冰海景观等。

在这五个国家的北极旅游目的地中，挪威的斯瓦尔巴群岛拥有机场和夏季通航的港口，这一优势让它在众多北冰洋岛屿中脱颖而出，成为最热门的北极旅游目的地之一。斯瓦尔巴群岛曾经是许多北极探险队的出发地，现在是北极圈内纬度最高的人类居住地之一，每年夏天都有数万名游客到达岛上，也是众多北极邮轮的停靠站和出发地。我国组织的北极旅行团，大多数也是由此地登上邮轮，开始北极之旅的。在斯瓦尔巴群岛，建有8个国家的北极科考站，包括我们国家的黄河站，可谓为世界北极科研的重要基地。

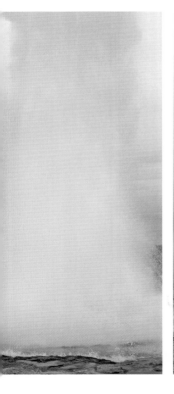

斯瓦尔巴群岛上还生活着将近 5 000 头北极熊，也让此地成为世界上最容易见到北极熊的地方之一。

当然，除了斯瓦尔巴群岛，北欧五国还有很多不错的地方。挪威的朗伊尔城，在一片白雪皑皑的雪地上建起了许多五彩斑斓的小房子，具有强烈的北欧印记，也因是人类"诺亚方舟"世界种子库的基地，成为全人类希望的所在地。芬兰的伊瓦洛，拥有连绵的森林和湖畔，还有圣诞老人的故乡罗瓦涅米。在圣诞老人村，可领取跨越北极圈证书，和圣诞老人见面并合影，还可到圣诞老人的官方邮局给家人寄上一张带有圣诞村邮戳的明信片。丹麦的格陵兰岛，美得干净自然，在冰天雪地的世界中，游客可以体验狗拉雪橇的刺激，幸运的话还可以看到可爱的北极熊，也是不错的北极旅游目的地。

加拿大丘吉尔苔原上的北极熊和远处专营北极熊观赏的苔原车。晚上苔原车可以连接起来像火车一样供游客吃住，白天可以拆开在苔原上行驶，追踪北极熊的遗迹

伟大的核动力破冰船"五十年胜利号"

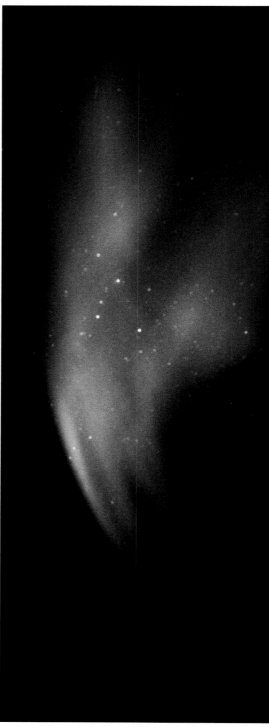

冰岛的朗格冰川

冰岛的朗格冰川

第三节　北极旅游注意事项

北极旅游目的地非常多，旅游方式也多种多样，从最受欢迎的北冰洋邮轮之旅，到最昂贵的乘直升飞机寻找北极熊、乘雪地飞机抵达北极点，还有体验因纽特人生活一日游等，供游客根据自己的兴趣爱好选择。在旅游途中，有些事项需要大家注意。

北极气候严寒，体感气温非常低，在出发之前，所有装备都需围绕御寒这一主题。游客需要携带保暖且防风性能比较好的衣服、帽子、手套等，不管什么季节去，最好还要准备一些里面有绒、外面防水的全身外套。因为那边雨天很多，常常下个不停；乘坐橡皮艇登陆小岛，浪花也常常会把身体打湿，所以穿戴防水的衣物就显得尤为重要。为了防止雪盲和晕船，墨镜和晕船药也是必备的。还可以准备一身正装，一双参加告别晚宴可以搭配的鞋，以及一双可以洗澡穿的拖鞋。建议不要戴首饰等贵重物品，天冷皮肤容易收紧，首饰容易丢失。携带电子产品的乘客需要备一个小插线板，与国际转接头配合使用。行李打包完毕还要准备一块行李牌，写上自己的名字、联系方式等，挂在行李外面，便于上船前有工作人员帮忙运输整理，丢失行李后也易于找回。

访问北极圈内的内陆地区，需要取得有关国家的签证。登录北极地区一些无主权或主权有争议的岛屿不必签证，但是也要取得邮轮出发地国家的签证。比如斯瓦尔巴群岛，历史上俄罗斯、挪威等国都曾为它的归属权产生争执，直到1920年，多国签署了斯瓦尔巴条约，约定岛屿归挪威所有，但条约签署国都有进入该岛的权利。中国于1925年加入该条约，因此中国公民可以自由出入。现在每年都有数万人到北极地区旅行，总的来说还算比较安全，近几年也没有发生严重的事件。但是北极毕竟自然条件严酷，海上和陆地旅行都有潜在的风险。游客可以随团旅行，也可以自由前往。随团旅行时一定要和旅行社确认好时间、行程、费用、保险，对自己的行程做到心中有数。自由前往的话要做好充足的准备，确保自己能够与当地人沟通，清楚自己的旅游路线，准备好充足的资金，并为自己购买相关的保险。

游客在旅游过程中一定要听从领队的指示，尊重当地的习俗，保护好北极的环境。北极的生态系统同南极一样，异常简单、脆弱，每增加一位游客，对北极自然环境影响的不确定性就增加一分。因此，游客要约束自己的行为，把对环境的影响减少到最低。不能采集带走当地任何天然物品，包括沙子、石头、枯木、贝壳等；不狩猎、不接触、不追逐、不投喂野生动物。在北极地区，游客有可能会见到瘦成皮包骨、正在垃圾桶翻找食物的北极熊，很多游客想要给它们喂食，但是请不要这么做。

离开北极之前，可购买一些当地的特产。如丹麦的银器、陶瓷、皮制品、乳制品、烟斗、琥珀、水晶玻璃，瑞典的玻璃器皿、陶器和珐琅珠宝，挪威的手工编织毛衣、驯鹿皮制品、木雕品，芬兰和冰岛的桦木手工艺品、羊绒毛织品、鱼皮制品等都是不错的选择。

但是相信北极留给游客的，更多的是它的瑰丽与壮美，以及游客在旅途中对地球极致景观的喟叹。游客到北极旅游的最好方式莫过于"轻轻的我走了，正如我轻轻的来；我挥一挥衣袖，不带走一片云彩"。

PART 5
了解北极

了解是一切的基础，
为了更好地呵护北极，
我们就必须了解北极。

第一节　北极概念

北极是一个明确而又模糊的概念，其概念包括空间范围、气候环境、人类因素和全球治理等。

· 北极的空间范围

有一些科学家从物候学角度出发，以 7 月份 10 ℃等温线（海洋区域则以海水表面气温 5 ℃为等温线基准）作为北极地区的南界，这样，北极地区的总面积就达到约 2 700 万平方千米，其中陆地面积约 1 200 万平方千米。而如果这一概念反映在植物生长上，就是树木生长区和苔原地带的区分线，把全部泰加林带归入北极范围，北极地区的面积就将超过 4 000 万平方千米。北极地区究竟何以为界，环北极国家的标准也不统一，不过一般人习惯从地理学角度出发，将北极圈作为北极地区的界线。

根据明确的地理概念，人们通常所说的北极是指地球自转轴的北端。北极圈，指北寒带与北温带的分界线，即北纬 66° 34′ 纬线圈。北极地区一般是指北纬 66° 34′ 以北的地区。北极地区包括了北极点附近地区，以及北极圈内的土地和海洋。北极地区面积约 2 100 万平方千米，其中约 800 万平方千米是陆地，其他是海洋。与南极不同，南极是海洋包围陆地，而北极是陆地包围海洋。北极地区的海洋冬季大部分海面会结成约 3 米厚的海冰，故称北冰洋。北冰洋南部的边缘地带在夏季融冰后形成的水域，可通过白令海峡与太平洋和大西洋相连。

北冰洋被亚洲、欧洲和北美洲三块大陆的北岸包围，海岸线曲折漫长，类型多样，形成了包括峡湾型海岸、磨蚀海岸、低平海岸及复合型海岸等。宽阔的陆架区发育出了许多大陆岛、浅水边缘海和海湾，北冰洋中的这些岛屿非常宝贵，其中面积最大的大陆岛是丹麦的格陵兰岛，面积最大的群岛是加拿大的北极群岛。格陵兰岛常年冰雪茫茫，气候严寒，有六分之五的土地被冰雪覆盖，中部地区的最冷月平均气温为 -47 ℃，中间冰盖最厚达 3 400 多米。绝大部分地区不适宜人类居住，现仅有约 6 万人生活在岛上西海岸南部地区。北极群岛面积约 160 万平方千米，群岛中最北的城镇阿勒尔特已经超过北纬 82°，成为许多北美探险队的落脚点和出发地。

· 北极的气候环境

北极的季节分布是不均匀的，9 月、10 月是秋季；11 月到次年 4 月是长达 6 个月的冬季；5 月、6 月属于春季；而夏季仅 7 月、8 月。

由于北冰洋大部分位于北极圈以内，冬季有漫长的极夜，夏季有强烈的反射辐射，终年获得的太阳辐射能很少，加上海冰融化需要消耗大量的热量，致使北极全年的气温较低。最冷 1 月份的平均气温介于 -20 ℃ ~ -40 ℃；而最暖 8 月的平均气温也只达到 -3 ℃左右。由于洋流和北极反气旋以及海陆分布的影响，北极地区最冷的地方并不在北极点。在北极点附近漂流站上测到的最低气温是 -59 ℃，而在西伯利亚维尔霍扬斯克和奥伊米亚康曾测到 -70 ℃。

北极有无边的冰雪、漫长的冬季。与南极一样，北极有极昼和极夜现象，越接近北极点越明显。在那里，一年的时光只有"一天一夜"。夏季，太阳远远地挂在南方地平线上，太阳高度不会超过 23.5°，发着惨淡的白光。几个月之后，太阳运行轨迹逐渐向地平线接近，开始了北极的极夜。北极的极夜从每年的 11 月 23 日开始，接近半年将完全看不见太阳，气温最低会降到 -50 ℃。此时所有的海浪和潮汐都消失了，因为海岸已冰封，只有风裹着雪四处扫荡。

胡克岛上神秘的大圆石头遍布整个山谷和海滩

到了 4 月份天气才慢慢暖和起来，冰雪逐渐消融，大块的冰开始融化、碎裂、碰撞，发出巨响；小溪出现潺潺流水；天空变得明亮，太阳普照大地。5 月、6 月，植物披上了生命的绿色，动物开始活跃，并忙着繁殖后代。在这个季节，动物们可获得充足的食物，积累足够的营养和脂肪，以度过漫长的冬季。北极的秋季非常短暂，9 月初第一场暴风雪就会降临，北极很快又回到寒冷、黑暗的冬季。

北极的平均风速不及南极，但是在格陵兰岛、北美及欧亚大陆北部，冬季受冷高压气团的影响，北冰洋海域时常会出现猛烈的暴风雪。北极的降水量普遍比南极内陆高得多，年降水量一般在 100 ~ 250 毫米，格陵兰海域可达每年 500 毫米。降水集中在近海陆地上，最主要的形式是雪，即使在夏季，雨水中也常夹带雪花。

· 北极的人类因素

北极有永久居民，而南极没有，这大概是南极、北极概念中最大的不同。北极地区生活着近 20 多个族群，总人数约 200 万，居住在环绕北冰洋海岸四周的陆地和岛屿上。主要有北美洲北部的因纽特人，斯堪的纳维亚半岛北部地区的萨米人，俄罗斯境内的科米人、鄂温克人、楚科奇人、科里亚克族人和西伯利亚尤皮克人等。

这些居民堪称地球上生存力和生命意志力最顽强的人，他们在史前时期就进入寒冷的北极生活，长期以来处于与世隔绝的状态，形成了自己特有的语言和生活习性。他们生活的地方终年冰雪覆盖，没有农耕，只能用狩猎来满足生存的需要。如因纽特人主要靠捕猎海象、海豹和鱼类；萨米人、鄂温克人主要驯养驯鹿；楚科奇人主要靠捕猎海洋哺乳动物。北极寒冷的苔原地带，没有树木建筑房屋，只有就地取材，用冰来搭建冰屋。他们也没有用火的条件，只能靠生食肉类生存。在他们的天然冷冻冰库里，存放着冻硬的生肉，吃法非常简单，只要将它们浸泡在冷水里，软化到一定程度后就可直接食用。他们还喜欢用海豹油与面包、生肉、熟肉、内脏等任何食物搭配，对他们来说，海豹油和生肉就是最好的食物。要是他们不吃肉，胃就要灼热，身体不舒服。老一辈的因纽特人甚至喜欢稍微腐烂的生肉，认为这样更容易咀嚼。最为神奇的是，他们有些甚至不用吃蔬菜水果，在北极没有太阳的冬季里，只靠食用肉类，身体内部就能自己合成维生素，无疑构成了这些北极居民与其他地区的人完全不同的特性。

由于北极气候恶劣，环境严酷，北极居民基本上是在死亡线上挣扎，能生存繁衍至今，实在是一大奇迹。他们必须面对长达数月乃至半年的黑夜，抵御零下几十摄氏度的严寒和暴风雪，夏天奔忙于汹涌澎湃的大海之中，冬天挣扎于漂移不定的浮冰之上，仅凭一叶轻舟和简单的工具去和地球上最庞大的鲸拼搏，用一根梭标甚至赤手空拳去和陆

在北极，狗拉雪橇是极普通且便捷的交通工具

地上最凶猛的动物之一北极熊较量，一旦打不到猎物，全家人，全村子，乃至整个部落都有可能会饿死。因此，这些北极居民养成了勇敢、顽强的性格，具有极强的集体主义精神和互助意识。他们的部落内公有观念很强，猎物一定要平分，认为一个男人应该是好的猎手和能够保护部落的人。

随着社会的进步，北极的交通有了很大的改善，与外地形成了日益紧密的联系，促使北极居民迅速融入发达的现代社会，在短短几十年内，生活条件得到了跨越式发展。有的北极居民住进了现代化房屋，抛弃了持续几千年的生活习惯。特别是北极居民正在失去自己的语言，很多年轻人已不会讲当地的语言，而是开始使用所在国的语言。有些北极居民已移居到环境更好的地方，彻底远离了寒冷的故乡。北极居民身上承载着的北极文化，同北极一样，正在发生翻天覆地的变化。

· 北极的全球治理

北极区域治理与南极区域治理不同。由于南极大陆长期没有人类居住，在签署《南极条约》时，南极事务尚未完全融入全球事务，因此直到今天，南极区域的治理可以相对独立地依据《南极条约》，在《南极条约》组织系统中展开。而北极是一块由主权国家领土环绕的海洋，这些主权国家与全球及区域的国际组织有着紧密的关系。

北极区域的环境变化与地球其他区域的环境变化息息相关，无论是北极的融冰还是北极区域内各种重要的环境变化，都会影响北极区域的生态系统、生物资源乃至人类生活，甚至进一步扩散影响至北半球乃至全球的生态系统和人类的经济活动。因此，只有将北极地区的气候、生态治理与全球的气候变化、生态环境治理联系在一起，才能有效地解决北极地区这些方面的问题。

北冰洋是世界的。根据《联合国海洋法公约》，世界各国都有平等利用北冰洋公海部分的权力，不论是沿海国家还是内陆国家。同理，北冰洋的国际海底区域及其资源是人类共同继承的财产，应当惠及全人类。为了使北冰洋能真正地为全人类拥有，为全人类服务，就需要通过全人类的全球治理途径来保护这些共同财产。

北极区域治理的主要机制——北极理事会展开的北极环境保护战略是参照《联合国海洋法公约》拟定的，由此，北极的区域治理就与全球治理建立起了有机联系。也就是说，与南极区域治理不同，北极区域治理是在北极事务实际上已经成为全球性问题之一的前提下形成的。因此，北极区域治理只有和全球治理有机地联系在一起才能有成效。

将北极治理放入全球治理的框架中展开，既要承认北极区域各国和非国家行为体通过区域性国际机制，同时也提倡和促进非北极区域的国家和非国家行为体积极参与北极事务，将北极地区的治理与全球治理有机地结合在一起，北极区域治理才能够真正超越地缘政治，从而使得北极区域得到善治并且为全球治理做出贡献。

第二节　北极植物概览

北极被冰雪覆盖着严寒的冬天长达 6 个月以上，夏天非常短。即使是如此寒冷的环境，也有顽强的植物在那里生存。这些极耐寒的植物主要是低等植物地衣和苔藓，北极地区共有 100 多种开花植物，2 000 多种地衣，500 多种苔藓，代表性的植物是石南科、杨柳科、莎科、禾本科、毛茛科、十字花科和蔷薇科，还有南极洲没有的蕨类植物和裸子植物等。因此，尽管南极、北极都是极度严寒的冰雪气候，南极只能见到苔藓类低等植物，而北极植物却种类繁多，千奇百怪。在北极可以见到各种美丽的花草，花大花鲜，且常绿植物居多。在北冰洋底几千米的深处，还发现了细菌和真菌的孢子。从北极中部往南走，气温稍稍高一点就可以看到许多高等植物了。

北极地区树木的生长，受很多因素限制。一是光合作用所需的光照缺乏，导致气温不够。树木像动物一样，需要热量来维持生命。太阳辐射提供热度，但在北极，离地面越高，气温越低，因为地面黑色的土壤能增强太阳辐射，而高处的凉风会让气温降低。为了满足生存和生长所需的热量，树木必须贴近地面，因此，北极的树木很矮。比如北极的柳树，小得可怜，贴着地皮生长，连灌木都比不上。二是缺水制约了树木生长。液态水是北极植物唯一可利用的水源，而北极只有在夏季才会有液态水。三是永冻土位于苔原下层，给北极树木生长带来了更多的困难。虽然深的树根可以使树木在风中屹立不倒，并从深蓄水层吸收水分。但是深根在北极却不中用，由于气温低，树木不能长高。

在北极极寒的环境中，种子要在短暂的夏季
完成发芽、成长、开花、结果、果熟成种子，
整个过程只有四十天左右，而成熟的种子冰
封了上千年依然能开花结果

所以像北极的柳树，只要轻轻一拔就能连根拔起，因为下面是冻土层，柳树的根扎不下去。而且北极树木的树根只有在土壤表层的冻土上，才会在夏季吸收到融化的液态水。

因此，北极的树木种类稀少，沿着林木线，成功生存下来的只有松科和桦木科。能在北极圈内坚强地生长的树木，呈相互隔离的片状分布——在某块区域内，碰巧天气温和，湿度适宜，土壤含有养分。这些树木无一例外生命力极为顽强，一棵还没有手指头粗的理查森柳树的树干横切面，在放大镜下看有近 200 个年轮。

北极圈内是广袤的苔原，几乎没有任何一个地方会发现完整的败叶、没腐烂的碎花和小树枝，数年没有降解的有机物积存。北极的土壤很贫瘠，土壤中的腐生物和腐生菌的数量和种类很少，土壤呈酸性，排水性和通风性也不好，对植物生长起关键作用的氮和磷的含量不丰富。再往北，到了布满沙砾的北极荒漠，甚至不存在土壤和生物分解现象了。

但是北极苔原的各种植物适应了严寒的气候，极力从有限的阳光中获取能量，某些地衣在 -20 ℃的低温下顽强生长。像狐狸洞及苔原上贼鸥吃猎物的凸起地，有机物残留集中了丰富的营养物，因此那里绿草茂盛，夏季野花盛开。这些植物的茎和叶都紧紧地贴在地面上，能很好地承受积雪的压力。它们主要靠根茎扩展进行无性繁殖，因为生长期很短，当每年温暖的天气来临，植物就立即发芽、开花、结果，短短 2 个月就完成了生长任务。例如蒲公英的花蕊，来不及受精便可发育成活的种子。所以，夏天时大勿忘草、仙女木等花朵，争先恐后地绽放着美丽的花朵，因为它们的好日子不长，寒冬马上就要来临了。

到了冬季，北极许多地衣、蕨类植物、藓类植物能使自己处于冻僵或是新陈代谢速度减缓的状态，当来年足够温暖时，它们再恢复正常的新陈代谢。

在北极极寒的环境中，植被一年只能生长5毫米，在北极旅行时，探险队领队告诫每一位队员不要踩踏植被，一脚的踩踏会破坏它几十年的修行成长

北极植物是维护北极生态平衡最重要也是最基础的一环。首先，这些植物团结了冻土层表面夏天融化层的土壤，而这层土壤为生活在北极的细小生命如细菌、蠓、螨和蚊子等提供了栖身之所，从而为许多鸟类提供了食物。其次，这些植物也为旅鼠等提供了栖身之所和食物，而旅鼠又是北极狐和雪猫头鹰等小型食肉动物和某些鸟类的口粮。与此同时，北冰洋夏天来临后，硅藻爆发性的繁殖养育了丰富的浮游生物，这些浮游生物成为小鱼和大型鲸的饵料，丰富的鱼类吸引了大量海鸟在北极圈内繁殖。因为这里食物很丰富，竞争又不激烈，是鸟类的天堂，使得北极成了地球上几乎所有长途迁徙的候鸟的乐园和繁殖地。北极植物不仅为大雁和天鹅等食草鸟类提供了栖身之所和食物，也为驯鹿和麝牛等大型食草动物提供了食物，而这些动物又是生活在北极的狼、狼獾和北极熊等大型食肉动物的食物。北极植物无疑是北极生态系统的基础，直接或间接地为北极陆地所有生命奠定了生存的活动空间和物质基础。

第三节　北极动物概览

北极是一个动物世界，生活在那里的动物努力而愉快地随着北极的周期性变化规律地生活，适应并遵从了北极独特的地理环境。它们不仅完成了自己的生命旅程，也让自己的种群在这片土地上一代代地繁衍。

·北极熊

北极熊（Polar Bear）无疑是最具有代表性的北极动物，它们在北极地区的种群分布相当分散，位于北极食物链的顶端，是北极地区不折不扣的"霸主"。北极熊是世界上第二大熊科动物，也是第二大陆地食肉动物。雄性北极熊身长 2.4～2.6 米，体重一般为 400～600 千克，有些甚至可达 800 千克。而雌性北极熊体形比雄性北极熊体形小一半左右，身长 1.9～2.1 米，体重仅 200～300 千克，到它们冬眠之前，由于脂肪将大量积累，体重可达 500 千克。

北极熊虽然身材魁梧，身手却很敏捷，而且水陆两栖，在海中是"游泳健将"，陆地上是"短跑运动员"。北极熊体态呈流线型，脑袋狭小，前掌宽大，犹如双桨，游泳时前腿奋力前划，后腿并在一起，掌握前进的方向，一口气能游四五十千米。当北极熊在陆地上捕食时，短距离的冲刺速度可达 60 千米每小时，相当惊人。北极熊的弹跳能力也很强，一步跳跃奔跑的距离可达 5 米以上。北极熊还具有独特的保暖"系统"，在水中时，它们主要依赖一层脂肪保暖；在陆地上，它们则靠一层密而厚的下层绒毛和针

加拿大丘吉尔的北极熊

加拿大丘吉尔的北极熊

毛取暖。北极熊针毛较为稀疏，既硬又有光泽，而且是空心的，这意味着它们皮毛湿水后仍是竖直的，不会互相缠绕，水还未结冰北极熊就能轻易将其抖落。

北极熊穿过浮冰，将前腿浮在冰块一段下下水，然后整个身体滑入水中，没有溅起一点儿水花。从水里跃上浮冰时，仅用一个优雅而有力的动作，后脚恰好抓住冰块的边缘，跨步向前，抖落身上的海水。当它们悠然自得地走在冰面上时，似乎整个冰面都是属于它们的。北极熊喜欢四处游荡，有时甚至穿过海冰跑到很远的地方，它们在旅途中保有很强的好奇心，而且不知疲倦。它们可以跨越几乎任何一种地形，唯一能够阻挡它们的就是沿途没有食物。

北极熊在冰层边缘、水面上和大陆沿岸捕食猎物，最主要捕食的食物是海豹。它们捕猎海豹的方式有很多种，包括先潜到海底觅食蚌和海藻，然后悄无声息地浮出水面，仔细猎寻沉睡的海豹。发现目标后，北极熊会耐心靠近停歇在浮冰边缘的海豹，浮到水面侦查一番再潜入水中。然后它像一块浮冰一样缓缓漂向海豹，在抵达海豹浮冰边缘时，猛地一下从水中跃起，重重一击使海豹毙命。从冰面上潜近海豹时，它们主要以海豹的呼吸孔判断冰面下海豹存在的可能性。它们将头伏在前腿上，用胸部和前腿缓缓向前滑行，充分利用任何可能的掩体。然后把海豹呼吸孔旁边的冰刨得只剩下薄薄一层，趴在上面遮挡阳光，设法让下面的海豹误以为上面覆盖的厚厚的冰雪还在。北极熊特别有耐心，可以整天守在海豹的呼吸孔旁，等候海豹露头换气时将其捕获。有时候等上好几个小时还没见动静，它会坐起身来舒展身体，或静静地站起来；但是一听到海豹的动静，又立即无声地匍匐到冰面上。它还会经水下从海豹的呼吸孔中冲出，直扑待在冰面上的海豹。除海豹外，北极熊也会在鱼群聚集的海面上游弋，捕捉鱼类。海象幼崽、海鸟、鸟蛋、麝牛、野兔及岩高兰、蓝莓等都是北极熊的食物，包括搁浅的鲸腐肉。在食物短缺的情况下，它们也会自相残杀，甚至吃掉自己的幼崽，这就是动物中的"杀婴"行为。不过北极熊一般不会把肉吃光，身体健壮的成年北极熊通常只吃海豹的脂肪，把其余部分留给随行的北极狐、海鸥和乌鸦。特别是北极狐，到了冬季几乎完全依赖北极熊捕杀的猎物生存。除非带崽的母北极熊捕获猎物后，母子才会把猎物吃得干干净净。当一头北极熊发现食物，其他北极熊即"闻讯"从四面八方火速赶来，但是到现在科学家们还搞不清楚它们是如何得知"消息"的。

北极熊每年3月～6月交配，两头公北极熊常常会为一头母北极熊发生争斗，并且争斗非常残暴和持久。受精后，母北极熊于当年11月底至次年1月前后在冬眠的窝里产下幼崽2只左右。在母北极熊冬眠、产崽、哺育小北极熊的5个月里，完全靠储备的脂肪提供能量。小北极熊刚出生时，眼睛紧闭，耳朵听不到声音，保暖不好，不能行走，嗅不到气味。出生后几周里，它们主要依靠洞穴的保护和母北极熊温暖的身体取暖，以母北极熊的乳汁为食。它们出生一周后才看得到东西，24天左右能听到声音，再过几周才能行走和闻嗅。小北极熊和母北极熊通常在一起生活2年，其间，母北极熊教会小北极熊捕猎和认路。相对来说，北极熊繁殖的后代极少，因此它们会投入大量的时间和精力来养育和保护后代，大部分小北极熊都会存活下来。直至24个月~28个月大时，母子分开，小北极熊开始自食其力，母北极熊再次交配。北极熊不喜欢群居和交际，经常只看到一头公北极熊，一头母北极熊，或一头母北极熊带着小北极熊，它们总是单独行动，很少聚到一块。

北极熊春季进食最多，夏末较少，冬季进食少或者丝毫不进食。随着北极气候变化，北极熊越来越难找到食物，为了生存，它们只能吃鲸的腐肉、海草、苔藓、干果等，甚至对当地居民的垃圾也不放过。曾有人解剖一头北极熊的胃，发现胃里有许多塑料袋，甚至还有铁丝。为了觅食，北极熊与人相遇的机会越来越多。近年来，饥饿的北极熊向人类发起攻击的事件经常发生。由于北极熊是国际保护动物，一旦遇到北极熊，根据挪威有关枪支使用规定，在北极熊离人25米以外时，以警告为主，用枪声、信号弹、火

把、声响等恐吓，让其自觉离开；在北极熊距人 25 米内且有攻击行为时，可开枪射击，但一定要精准，瞄准北极熊头部或肩胛骨部位射击。最不明智的做法是拔腿就跑，因为北极熊会以极快的速度追赶上来，一旦跑不过就很危险。实在跑不掉最后一招是装死，如果北极熊恰好不饿，还有一丝侥幸逃生的希望。实际上，北极熊生性温顺，攻击倾向也不明显，只是我们不能掉以轻心，不要轻易激怒它，善于保护我们自己，同时也是保护它。

据统计，目前北极熊大约有 2 万头，甚至更少。在全球气候变暖的背景下，海冰大面积消退，大大改变了北极熊赖以生存的环境。当今北极地区建立的油田和弃置的军事设施越来越多，好奇的北极熊有时会惨死在它们探究的东西旁。由于丧失了赖以驻足的冰面，有"游泳健将"之称的北极熊时常会溺死在广袤的海洋里。没有什么比"曾经拥有"更令人痛心，保护北极熊，已经成为保护北极的一项重要事项。1965 年，国际自然和自然资源保护联盟达成了一项北极熊管理协议；1973 年，《北极熊保护协定》由苏联、挪威、丹麦、加拿大和美国签署。愿北极熊仍能自由地生活在北极，随着食物到处去"旅行"。

加拿大丘吉尔的北极熊

· 海豹

　　生活在北极地区的海豹有环斑海豹、带纹海豹、冠海豹、灰海豹、髯海豹等。环斑海豹背部深灰色，具有灰白色环斑，腹部一般无斑，呈银白色。带纹海豹于颈部、尾部以及两个前鳍有四个白色环纹。冠海豹最大的特征是头上有一个黑色皮囊，雄冠海豹被激怒时皮囊和鼻球膨胀变大，并呈现出亮红色，是极有形象特征的海豹，已被科学家认定为濒危物种。灰海豹全身呈灰色，体形较大。髯海豹全身多为棕灰色或灰褐色，以背部中线附近颜色最深，向腹部逐渐变淡，髯海豹口周围密生着笔直而粗硬的感觉毛，且雌髯海豹具有两对乳房。这些海豹以鱼类和贝类为食，同时又是北极熊和鲸等的食物。它们是潜水高手，可以在水中闭气，几个小时后再露出冰面换气。

· 海象

　　海象因长着两枚长长的牙，像海中的大象而得名。雄海象的牙比雌海象的牙长，它们的牙可以用于自卫和争斗，在泥沙中掘取蚌蛤、虾、蟹等食物，在爬上冰块时支撑身体，还能在冰封的海下凿开冰洞，以便呼吸。海象的皮肤厚而多皱，厚度可达 1.2～5 厘米，皮下脂肪厚 12～15 厘米，足以抵御北极的严寒。裸露无毛的体表一般呈灰褐色或黄褐色，但在冰冷的海水中浸泡一段时间后，为了减少能量消耗，动脉血管收缩，血液流动受到了限制，体表就变为了灰白色；而登陆以后，血管膨胀，体表则呈现出棕红

色。它们在水中很敏捷，潜水能力出众，可在水下滞留约 2 小时。夏季，它们会成群结队游到大陆和岛屿岸边群居，天敌是北极熊和虎鲸。

· 鲸

　　北冰洋内生活着白鲸、一角鲸、抹香鲸、露脊鲸和虎鲸等，其中，抹香鲸、露脊鲸和虎鲸是全球性洄游鲸，往返于世界各大洋中，大多在夏季来到北冰洋；白鲸和一角鲸属于北冰洋的常驻鲸，十分耐寒，且各具特色。

　　白鲸　白鲸身体雪白，性情温和，现存数量约 10 万头，属于十分珍稀的物种，现已被列入《濒临绝种野生动植物国际贸易公约》《世界自然保护联盟濒危物种红色名录》近危物种名录。幼年白鲸重约 80 千克，长约 1.5 米。成年白鲸重 700 ~ 1 600 千克，

长 3.5 ～ 5 米。白鲸额头向外隆起突出且圆滑，嘴喙很短，唇线宽阔。成年白鲸的白色皮肤在夏季发情时稍带淡黄色，但蜕皮后即消失。白鲸体色随年龄改变，从出生时的暗灰色转变成灰、淡灰，到带有蓝色调的白色；当白鲸长到 5 ～ 10 岁性别特征成熟时，就会变成纯白色，而背脊、胸鳍边缘以及尾鳍终生都保持暗色调。白鲸喜欢生活在海面或贴近海面的地方；潜水能力相当强，对北极的浮冰环境有很好的适应力。它们游动时通常比较缓慢，加上身体呈白色，在海浪和浮冰中难以辨识。白鲸以鱼类、甲壳类和头足类为食，天敌是虎鲸和北极熊。雄白鲸在 7 ～ 9 岁、雌白鲸在 4 ～ 7 岁发育成熟，它们的繁殖期通常在冬末或夏季，怀孕期 12 ～ 15 个月，哺育期长达 2 年，之后小白鲸仍然会留在雌白鲸身边相当长一段时间。雌白鲸生殖间隔 2 ～ 3 年，20 岁左右便停止生育。

一角鲸　一角鲸又称独角鲸，这是因为它们上唇偏左处有一根象牙色长牙，长可达 2.4 ～ 2.7 米，有少数独角鲸长有两根长牙，不过雌独角鲸比较少有长牙。长牙除了平时用来打斗之外，独角鲸的长牙越长、越粗，还代表它在鲸群中的地位越高。雌独角鲸 4 ～ 7 岁性发育成熟，成熟期体长约 4 米，重约 900 千克；雄独角鲸性发育成熟在 8 ～ 9 岁，成熟期体长约 4.7 米，重约 1 600 千克。雌独角鲸在 4 月受孕，来年 6 月、7 月生产。雌独角鲸对刚出生的小独角鲸十分抚爱，遇到危险时会用自己的身躯保护它们。小独角鲸全身几乎都是紫灰色；长大后肚子上有摊开的白色斑块和条纹；成年独角鲸在灰色的底色上带有黑或暗棕色的斑块；年长的雄独角鲸全身几乎都是白色。独角鲸的主要食物包括北极鳕鱼、格陵兰比目鱼、红鲑鱼、杜父鱼及其他鱼类，乌贼及部分虾类，章鱼及甲壳类海洋动物。野生独角鲸寿命约 50 年，圈养繁殖尚未成功。虽然现在独角鲸还没有到濒临灭绝的危险，但是《濒临绝种野生动植物国际贸易公约》仍将独角鲸列入需监控名单，并管制其身上长牙的交易，以免该物种陷入灭绝的危险。迄今为止，人类对这种鲸还知之甚少。

· 北极鳕鱼

　　鳕鱼是北冰洋中重要的经济鱼类，该鱼有两种，分别是大西洋鳕鱼和太平洋鳕鱼。它们生活在浅水处，幼鳕鱼主要以小型浮游植物和浮游动物为食。随着生长，它们摄食的浮游生物个体逐渐由小变大，并捕食部分小型鱼类。北极鳕鱼分布于整个北极地区，是典型的冷水性鱼，当水温超过 5 ℃时即见不到它们的踪影。夏季，北极鳕鱼主要生活在巴伦支海的冰缘带，9 月份，北极鳕鱼向西南方向迁移，在冬季零下气温时产卵，为浮性卵，繁殖力惊人，一次产卵量为 9 000 ~ 18 000 粒。由于水温低，所以孵化期长达 4 ~ 5 个月。北极鳕鱼的生长速度在寒冷的北极可算得上神速，3 岁平均体长 17 厘米，4 岁可达 19.5 厘米，5 岁平均体长 21 厘米，6 岁为 22 厘米，鳕鱼的最高年龄可达 7 岁，最大体长可达 36 厘米。北极鳕鱼的性成熟年龄一般为 4 岁，大部分一生只产一次卵，产卵期间停止摄食。产卵之后有的北极鳕鱼游入河口或河的下游，再游出外海。北极鳕鱼不仅是人类捕获的对象，也是海豹、鲸和食鱼的鸟类重要的摄食对象。北极熊、北极狐也会在海岸上寻找在洄游途中被暴风雪吹到岸上的北极鳕鱼，以弥补它们食物的不足。

· 水母

　　水母是北极腔肠动物的典型代表，北冰洋内生活着多种水母：北极霞水母被誉为世界上最大的水母，直径可达 2 米，但这种大型水母的数量较少；水螅水母体型较小，数量却非常多；柄水母外形奇特，长着用于觅食的黄色丛毛结构触须；钟水母的身体外形像一把透明的伞，边缘有一些须状触角。除此之外，还有指腺华丽水母、八斑腕唇水母、柔弱五角水母、北极单板水母等。水母柔软的身体可以在大海中迅速漂移。对人类来说，有些水母有药用价值。但是水母数量太多也会抢夺饵料、捕食幼鱼等，给渔业带来危害。可见，维持北极环环相扣的生态平衡是一件重要事情。

· 北极狐

　　北极狐，又称白狐或蓝狐。体长 50 ~ 60 厘米，尾长 20 ~ 25 厘米，体重 2.5 ~ 4

千克，腿短，体型较小而肥胖，能在 –50 ℃的冰原上生活，耐寒能力很强。它们身体毛色随季节变化较大，冬季全身体毛为亮白色，或是浅黄色中透出些许灰蓝色。夏季，白色的体毛逐渐退去，皮毛看上去泛棕色，下部皮毛呈白色。北极狐有很密的绒毛和较少的针毛，尾长，尾毛特别蓬松，尾端白色；脚底长着长毛，所以可在冰地上行走不打滑。它们喜欢在岸边向阳的山坡下掘穴居住，每年 2 月～5 月发情交配，怀孕期为 50 天左右，每胎产 6～8 个仔，寿命为 8～10 年。北极狐分布于几乎整个北极沿岸，喜欢结群活动，活动范围很广。它们精力充沛，坚持不懈地寻觅食物，主要以鸟类、鱼类、兔类、贝类、雀蛋、果实以及旅鼠为食，冬季贮藏的食物种类很多，且存放得井然有序。北极狐和北极熊的尾随关系很特殊，能从四面八方聚集到有腐肉到地方，清理所经海岸线一带的腐肉。除了人类之外几乎没有天敌。

· 北极狼

北极狼，又称白狼，世界上最大的野生犬科。它们的毛非常厚，牙齿非常尖利，具有很好的耐力，有助于它们捕杀猎物和进行长途迁移。它们的胸部狭窄，背部与腿部强健有力，使它们具备很高效的机动能力。它们能以约 10 千米的时速走十几千米，追逐猎物时速度提高到接近每小时 65 千米，冲刺时每一步距离长达 5 米。北极狼喜群居生活，通常 5 ~ 10 只组成一个小型群体，群体内等级十分严格，有组织地进行捕猎、繁殖和合理分工，共同哺育下一代。它们主要捕杀麝牛、驯鹿等大型食草动物，或者北极兔、旅鼠和鱼类等。现在人工饲养的北极狼能活到 17 岁，而在野外生活平均寿命不超过 7 岁。

· 北极驯鹿

北极驯鹿也是一种较有代表性的北极动物，因为传说中圣诞老人乘坐的雪橇就是靠驯鹿来拉的。驯鹿体长 1 ~ 1.3 米，体型中等。雌、雄都有一对树枝状犄角，宽幅可达 1.8 米。雄驯鹿在每年 3 月脱角，雌驯鹿在每年 4 月中下旬脱角。驯鹿常栖于寒带、亚寒带森林和冻土地带，多群栖，以苔藓、地衣等低等植物为食，随着季节变化也吃树木的枝条和嫩芽、蘑菇、嫩青草等。由于食物缺乏，常远距离迁徙，驯鹿最惊人的举动就是每年一次长达数百千米的大迁移。春天一到，它们便离开自己越冬的亚北极地区的森林和草原，沿着几百年不变的路线往北进发。而且总是由雌鹿打头，雄鹿紧随其后，秩序井然，长驱直入，边走边吃，日夜兼程。途中 5 月，驯鹿开始脱毛，9 月再长冬毛，脱下的绒毛掉在地上，正好形成路标。就这样年复一年，不知道已经走了多少个世纪。它们总是匀速前进，只有遇到狼群的惊扰或猎人的追赶，才会来一阵猛跑，发出惊天动地的巨响。母驯鹿在 9 月中旬至 10 月交配，冬季受孕，妊娠期 7 ~ 8 个月，在春季迁移途中产下 1 ~ 2 只小驯鹿，哺乳期 5 ~ 6 个月。小驯鹿产下 2 ~ 3 天即可跟着母驯鹿一起赶路，1 个星期之后，它们就能跑得像父母一样飞快，时速达 48 千米。雌驯鹿 18 个月性成熟，雄驯鹿稍晚，需 30 个月左右。驯鹿是珍贵动物，也是北极地区居民重要的食物和交通工具。

红　狐

红 狐

北极圈内的岩石上，栖息着大量的海鸟，近在咫尺的海边浅滩给海鸟提供取之不尽的食物

· 鸟类

夏季，北冰洋中的浮游生物和鱼类迅速增长、繁殖，为海岸地带筑巢产卵的海鸟提供了丰富的食物。与此同时，北极苔原地带丰茂的植物也给一些鸟类带来了食物和筑巢条件。据统计，北极地区的鸟类共有200多种，包括北极海鹦、北极燕鸥、北极黄金鸻、大海雀、雪鸮、帕芬鸟、北极三趾鸥、雷鸟、北极鸥和塞贝尼海鸥等。许多长途迁徙的鸟类包括南半球的一些候鸟，都要到北极繁殖后代。因此，北极也被称为鸟类的天堂。

北极黄金鸻 按照迁徙与否，北极的鸟类分为候鸟和留鸟。分布在加拿大北极地区的黄金鸻就是一种候鸟，秋天一到，它们先是飞到加拿大东南部的拉布拉多海岸，在那里经过短暂的休养和饱餐，待身体储存起足够的脂肪之后，就竖穿大西洋，中途不停歇，一口气飞行4 500多千米，到阿根廷的潘帕斯草原过冬。分布在美国阿拉斯加州西部的黄金鸻可以一口气飞行48小时，行程4 000多千米，直达夏威夷，然后再从那里飞行3 000多千米，到达南太平洋的马克萨斯群岛甚至更南的地区过冬。在这样的长距离飞行中，它们可以精确地选择出最短路线，毫不偏离一直到达目的地，可见它们的导航系统非常精密。至于它们如何做到这一点，至今仍然是一个谜。

雪鸮 也叫雪猫头鹰，因在北极圈内繁衍，生活在北极高寒地区，又被称为北极猫头鹰。雄雪鸮平均体长66厘米，体重1.6～3千克；雌雪鸮平均体长59厘米，平均体重1.8千克。雪鸮几乎通体雪白，只有体羽端部接近黑色。头顶、双翅、下腹及背部遍布黑色斑点，其中雌鸟和幼鸟的黑色斑点更多。它们飞行的姿势平稳有力，善于俯冲，能短途贴地飞行，便于搜寻食物。雪鸮主要分布在北极圈内不被冰雪覆盖的岛屿和北极冻土地带，是一种留鸟。

在北极的茫茫雪原和极寒气候中生存的小鸟

雪 雁

雪雁

PART 6
呵护北极

呵护北极不是一句口号，
也不仅仅是北极地区的居民需要面对的事情，
北极与我们每个人息息相关，
生活在地球上的任何一个人都能够呵护北极。

第一节　保护北极须知

北极面临的主要问题包括气候变化、环境与发展、生态与动植物保护、科学观测等。围绕这些问题，包括联合国及其附属组织在内的全球性组织，制定和发表了许多公约和宣言，使得北极面临的问题从全球层面得到了重视和解决。

· 与北极相关的资源环境治理宣言

1.《联合国人类环境宣言》

《联合国人类环境宣言》于 1972 年经联合国人类环境会议全体会议于斯德哥尔摩通过，又称《斯德哥尔摩人类环境会议宣言》。该宣言鼓舞和指导世界各国人民保护和改善人类环境，达成了 26 项原则，包括人的环境权利与保护环境的义务，保护和合理利用各种自然资源，防治污染，促进经济和社会发展，使发展和保护环境进行计划和规划，筹集资金，援助发展中国家，对发展和保护环境进行计划和规划，实行适当的人口政策，发展环境科学、技术和教育，销毁核武器和其他一切大规模毁灭手段，加强国家对环境的管理，加强国际合作等。

2.《联合国气候变化框架公约》

1992 年，155 个国家签署了《联合国气候变化框架公约》。《联合国气候变化框架公约》是第一部关于气候变化的具有法律约束力的全球性条约，是全球共同行动防止全球变暖的关键途径。

3.《联合国千年宣言》

2000 年 9 月，189 个国家出席了在联合国总部举行的千年首脑会议。与会的各国领导人通过了《联合国千年宣言》，宣言要求"我们必须不遗余力，使全人类、尤其我们的子孙后代不致生活在一个被人类活动造成不可挽回的破坏、资源已不足以满足他们的需要的地球"。

4.《京都议定书》

1997 年 12 月，149 个国家和地区的代表在日本京都通过了旨在限制发达国家温室气体排放量以抑制全球变暖的《京都议定书》。

5.《可持续发展北京宣言》

2008 年 10 月，16 个亚洲国家和 27 个欧盟国家的国家元首和政府首脑以及欧盟委员会主席和东盟秘书长出席了在中国北京举行的第七届亚欧首脑会议，会议就可持续发展为主题达成了共识，发表了《可持续发展北京宣言》。宣言重申可持续发展关系人类的现在和未来，关系各国的生存和发展，关系世界的稳定与繁荣，各国在追求经济增长的同时应努力保持和改善环境质量，充分考虑子孙后代的需求，走符合自身特点的可持续发展道路。

6.《控制危险废物越境转移及其处置的巴塞尔公约》

1989 年，在联合国环境规划署的主持下，《控制危险废物越境转移及其处置的巴塞尔公约》签署，1992 年生效。公约规定防止有害废物向北极转移。

7.《保护北极熊条约》

2009 年，在"保护北极熊"缔约方大会上，各国一致同意，为了长远地保护北极熊，必须成功地减缓气候变化。该条约旨在保护北极地区的生物多样性。北极海冰减少，是对北极熊这一物种生存的最大的长期威胁。

· 与北极相关的治理法律

1.《联合国海洋公约》

《联合国海洋公约》是北极治理最重要的治理制度。该公约规定了防止、减少和控制海洋环境污染的措施，确立了不将损害或危险进行转移或将一种污染转变成另一种污染的义务，规定了对污染的应急计划、对污染危险或影响的监测，以及对各种污染源的识别和相关行为体的具体执行措施等，为保障海洋的环境确立了基本法则。公约的相关规定视为自动适用于各国在北极的科考活动必须遵守的规范，对促进海洋治理的一体化，通过科学研究促进海洋的环境、生态、资源的有效治理起到了积极作用。

破冰船抵达北极点

2.《国际防止船舶造成污染公约》

由于离岸油气开发产生了大量的废物，影响了大范围的北极海洋野生动物。意外的泄漏总是和油气开发相伴，在遥远而脆弱的北极进行油气开发的确存在着巨大风险和难以平复的环境后果。《国际防止船舶造成污染公约》的制定，设定了一个污染物排放的国际标准以防止由于商业航运和钻井平台造成的海洋污染。

· 与北极相关的政府间国际组织

1. 联合国大会（The General Assembly）

联合国大会是联合国的主要审议机构，按宪章的规定拥有广泛的权力。联合国大会也是全球治理的最高决策机构，有关全球治理最重大的决定都是由大会做出的。

2. 经济和社会理事会（The Economic and Social Council）

经济和社会理事会是联合国六大主要机构之一，在国际环境治理中至关重要，联合国可持续发展委员会就设在经济和社会理事会之下。环境问题是典型的综合性问题，与人类的经济社会活动密切相关。当今国际组织之间、国际条约之间、国际组织与国际条约之间的政策协调越来越重要，负责处理与联合国各专门机构及非政府组织关系的经济和社会理事会在这方面无疑有很大的作用空间。

3. 联合国环境规划署（UNEP）

联合国环境规划署为"首要的全球环境权威机构，负责制定全球环境议程，促进统一执行可持续发展的环境事务，并作为全球环境的权威维护者"。目前，联合国环境规划署已推动签订的北极环境治理问题条约有《濒危野生动植物物种国际贸易公约》《保护臭氧层维也纳公约》《关于消耗臭氧层物质的蒙特利尔议定书》《控制危险废物越境转移及其处置的巴塞尔公约》。

4. 国际海事组织（IMO）

国际海事组织是联合国负责海上航运安全和防止船舶造成海洋污染的一个专门机构，侧重海洋污染防治和危险物资的海运安全问题，对北冰洋海域的管理发挥着不可替代的作用。

5. 国际民航组织（ICAO）

北极是世界重要的民用航空空域，从东亚到达美国东海岸都要从北极上空经过。国际民航组织管理在冰岛和丹麦设立的公海联营导航设施，充任联合国开发计划署向缔约国提供的民航技援项目的执行机构。

6. 国际原子能机构（IAEA）

国际原子能机构负责处理与核材料有关的事务。对北极地区核污染的研究、监测和预防，保护人类健康和环境免受来自放射性污染的损害。

从北极点到世界各地主要城市的距离

行驶在北极的核动力破冰船"五十年胜利号"

第二节　更多地了解北极

北极对我们来说并不遥远，它的丰富让人无法拒绝，几乎每个人都能从中各取所需。北极需要人们"了解"，这份"了解"让人们在自己所处的地域中就能遥远地守护北极。

· 中国北极黄河站

中国北极黄河站，是中国依据《斯瓦尔巴条约》1925 年缔约国地位在北极地区建立的第一个北极科考站，成立于 2004 年 7 月 28 日，位于北纬 78° 55′、东经 11° 56′。黄河站拥有全球极地科考中规模最大的空间物理观测点，提供了北极地区海洋、大气、地质、空间物理、地球物理、生物和生态的长期观察和研究创造的科研平台。2018 年 3 月 5 日，中国科学院大气物理研究所的一支研究团队对出现在北极的热浪进行了初步分析，认为北极地区正在快速增温。大气物理研究所邹捍团队研究了黄河站所在斯瓦尔巴群岛新奥尔松地区的观测资料，指出该地区是北极增暖最快的地区，特别是近 10 年来，2 月最高日平均气温经常高于 0 ℃。

黄河站是北极地区继挪威、德国、法国、英国、意大利、日本、韩国后建立的第 8 座国家常年科学考察站，也是我国继南极长城站、中山站后的第 3 座极地科考站，是我国北极考察的一个里程碑。黄河站深入北极圈，一座斜坡顶的二层独栋小楼，总面积约 500 平方米，基础设施完备，实验室、办公室、阅览休息室、宿舍、储藏室等科研、生活设施一应俱全，可供 20 ~ 25 人同时工作和居住。

黄河站的建立，不仅是北极地区跨学科、功能完善、开放式的综合考察研究基地，为解开空间物理、空间环境探测等众多学科的谜团提供了极其有利的条件；也是我国开展北极科学考察研究、加强国际交流与合作的平台，有助于提高中国北极科学研究水平和创新能力，增强中国在北极事务中的影响力，维护国家权益。

中国科学家正筹备建立中国北极卫星常年观测站，南极中山站和即将建成的中国北极科考站基本在纬度 75° 上，中国科学家将可以在南、北两极对极光进行同步追踪和研究。在同一条地球磁力线的南、北两端，同时进行极光的观测、对比，这也是各国科学家探寻地球外层空间诸多奥秘的一个途径。

· 经典北极电影

1.《北极》（*To the Arctic*），一部 IMAX 3D 纪录片。在超过 4 年的时间里，导演格雷戈·迈吉里弗雷带领着他的电影制作小组分 7 次来到北极，共计 8 个月，不断挖掘和拍摄了大量来自冰面和海洋的故事。导演用 3D 摄像机捕捉到了那些在别人看来根本就不可能实现的内容或主题，将那些人力不可及的自然环境全部栩栩如生地展现在观众面前，把北极广阔的冰河、雄伟的冰川、宏伟壮观的瀑布、庄严肃穆的雪山还有北极熊母子之间的深切爱意展露无遗，呈现给观众惊心动魄的极地影像奇观。

2.《冰冻星球》（*Frozen Planet*），BBC 经典纪录片，真实再现地球两极的风貌、动物。

3.《北极熊：一个夏天的奥德赛》（*Polar Bears: a Summer Odyssey*），一部关于北极熊的纪录片。记录了北极生存空间的改变，导致了北极熊生活习性的改变。它们不得不迁移到哈德逊湾南岸的陆地，来度过漫长的夏天。甚至要 10 天 10 夜不眠不休游泳到内陆，再在陆地上连续走 3 天才能找到可能有食物的地方。它们被迫开始吃浆果，被迫吃同类的尸体，翻越山岭捕捉鸟类，不善群居的它们也开始和同类交朋友，和狗类做伴。原本高大凶猛的动物，现在居然瘦到硕大的骨架外面只剩厚重的皮毛，健康情况让人担忧。为了生存，北极熊克服了许多不可想象的困难，做出了许多极为艰辛的努力。

4.《北极故事》（*Arctic Tale*），讲述了在寒冷的北极，冰雪世界中的生命奇迹。北极圈动物的后代和祖辈一样生息繁衍，但是，它们将面临一个截然不同的未来。

5.《BBC：与布鲁斯帕里游北极》（*Arctic with Bruce Parry*），跟随布鲁斯帕里探访北极地区生活的土著部落和欧美野营区。通过与他们一起生活，揭示这些地区受到的巨大政治和经济压力。片中提出了许多尖锐的话题，比如一头鲸的生命和一个民族的传统，究竟哪个更为重要？

· 经典北极摄影

1.《北极融化：消失的北极摄影风景照片》（*The Arctic Melt: Images of a Disappearing Landscape*），该书是由广受赞誉的艺术和环境摄影师戴安娜·塔夫特（Diane Tuft）呈现的一本关于即将消失的北极影像风景照片集。通过摄影师令人惊叹的视觉旅程来捕捉北极的冰在不断融化、面目全非的景观。

2.《中国第八次北极科学考察摄影纪实》，通过一组组生动翔实的照片，讲述了考察队不畏艰险、勇于探索的科考历程，记录了队员们工作与生活的点滴瞬间，展现了北极特有的生灵与秀美的自然风光，留下了中国考察队在极地探索史上又一组坚实脚印。这本摄影纪实所呈现出的科考艰难历程和北极隽永风光，既给队员们留下了宝贵记忆，也为读者了解北极打开了一扇窗。

3.《北极洲：一个即将消失的世界》（*Arctica: the Vanishing North Sebastian Copeland*），很少有人用表达大自然野性辉煌那样的形式去表达北极，更少人会想象和尊重荒无人烟的北极。塞巴斯蒂安·科普兰（Sebastian Copland）作品的崇高愿望是向这仙境致敬，而反过来，也让人们意识到这仙境的危险困境。科普兰获得过极地探险和

摄影师大奖，善于构建作家和记者的题材，但他更多从环保角度提供一个专门的活动环境，让我们用独特的视角去欣赏这孤独的地方。

4.《极地动物摄影集 寻找北极熊、企鹅、鲸、海豹》(*My Polar Animals Journal in Search of Polar Bears*, *Penguins*, *Whales and Seals*)。

PART 7
拍摄南极、北极

第一节　极地摄影器材简介

"工欲善其事，必先利其器。"南极、北极由于地理环境和人类活动踪迹不同，器材选择也有非常大的差别。

去往南极交通工具主要是船、飞机，飞机由于负载限制，携带器材的重量会受到很大影响。

北极圈内有俄罗斯、美国、加拿大、丹麦、冰岛、挪威、瑞典、芬兰等国家，北极点需要乘破冰船前往，拍摄北极熊、白鲸、海豹的器材与拍摄极光的器材大不相同。以下是我总结的南极、北极旅行摄影器材方面的经验。

· 随心所欲，轻装上阵

所谓随心所欲不是随便，旅行的目的在于行走、发现、欣赏，带回的可以是回忆，也可以是文字。

如果带回回忆，那么携带一部手机足够了，不会有器材累赘和烦恼，轻装旅行，尽情去发现和欣赏。

如果带回文字，在今后写作或者出版过程中可能会需要一些场景纪录，那么携带一部大变焦比的微单数码相机足够了，例如：索尼 RX10 IV，蔡司 Vario-Sonnar T 镜头 24-600mm f/2.4-4 大光圈，约 2 010 万有效像素 1 英寸 Exmor RS CMOS 影像传感器，支持 4K 视频及 40 倍超慢动作。尼康 COOLPIX P1000，便于携带的机身提供从相当于约 24mm 广角至约 3 000mm（35mm 格式的相当值）的远摄光学变焦，光学 VR 减震，约 1 605 万有效像素，支持 4K 超高清 30p 或 25p 视频录制。这类大变焦比微单数码相机在对画质没有严苛要求的情况下，带一台机器走天下，远近景物通通囊括，视频效果也不错。

如果是苛求影像素质的旅行者，出行前必定要患器材选择困难症。这类"患者"可以从以下三点入手，整理思路。

两个机身　电子产品随时可能坏掉，带两个机身有保障，装上不同焦距的镜头举手就拍，避免换镜头耽误拍摄时间。

按需选镜头　以轻便为主，24-105mm、100-400mm。两极摄影常常需要坐小艇和走路，背太多器材非常不方便。即使携带很多镜头，离开大船也会面临选择携带的器材。

特殊器材必备　防水或者水下相机，比如 GoPro 运动相机或者 DJI Osmo Action 运动相机，防水并兼具广角。在雨雪天气可以随心使用，用自拍杆伸入水下拍摄会得到意想不到的影像。

以上是南极、北极旅行常带设备，如果是旅行中有明确的拍摄目标或者题材，那么需要再次有针对性地精选器材。

· 目标明确，精选器材

南极、北极旅行中有明确的拍摄目标或者题材，根据拍摄目标或者题材来确定器材。

相机　相机是基础摄影器材，选择两部可靠的机身作为旅行的伴侣，避免烦恼，带回惊喜。

超远摄定焦镜头　长焦镜头必带。根据《南极条约》的要求，观赏动物时至少保持5 米。另外在处理主体与背景关系的空间压缩方面，也离不开长焦镜头。

到底带哪个焦距段呢？目前，市面上支持手持拍摄的远摄镜头有几款，例如：

佳能 EF 400mm f/4 DO IS II USM 采用了 DO（多层衍射光学元件）镜片，镜身长234mm，重 2 100g，作为超远摄定焦镜头可谓是轻量便携。

尼康 AF-S 尼克尔 500mm f/5.6E PF ED VR 采用菲涅尔相位（PF）镜片，镜身长 237mm，重 1 460g，支持手持拍摄。

尼康 AF-S 尼克尔 300mm f/4E PF ED VR 镜身长 147.5mm，重 755g，便携性非常好。

索尼 FE 600mm F4 GM OSS 镜身长 449mm，重 3 040g，转接 SEL14TC 和 SEL20TC 两款增距镜，仍可实现优秀的影像画质以及自动对焦性能。

以上便携望远镜头，都采用各厂家的最新技术，对焦迅速、成像优异。男性摄影师完全可以手持拍摄，女性摄影师借助独脚架亦可以操控。

变焦镜头 乘船的南极旅游周期基本都在 15 天以上，其中 10 天左右在船上度过。这期间变焦镜头不可或缺，受很多拍摄场景环境、空间限制，不能来回走动取景，尤其是在船上，变焦镜头更方便构图。

24-70mm、70-200mm 标准变焦镜头，无论是在船上还是在岸上都会非常有用，例如拍摄一望无际的企鹅群场景、巨大的漂浮冰山、合影等。当有机会接近企鹅时，望远镜头只能拍到局部，长焦镜头就没有用武之地了。我建议您携带一只标准变焦镜头，通常情况下一直装在机身上，可以应付各种突然出现的拍摄机会。

超广角镜头、定焦镜头 广袤的南极在 24mm 标准广角镜头里只能取一小部分景，宽阔的大海、登陆时迎面而来的岛屿、超级巨大的冰山，这些都需要超广角镜头来构图；航海中不同时段的天空、气象变化，也需要超广角镜头来囊括。各器材厂商新近设计推出的 12mm、14mm 超广角镜头，畸变得到很好的控制，成像也不错。在拍摄南极动物中，穿插用超广角镜头拍摄自然环境照片，会得到与众不同的南极视觉作品。

定焦镜头，如果有非常钟爱的焦段，建议携带。定焦镜头大光圈的景深控制、优秀的光学素质，在后期制作中会显现出优异的影像。

三脚架、独脚架 三脚架在南极旅行中是必备，双臂无法长时间支撑沉重的镜头，三脚架可以减负；使用超望远镜头时，稳定的支撑能获得更清晰的影像；南极暴雪的场景，用三脚架稳固支撑可以降低快门速度，捕获雪花划过的轨迹。

碳纤维材质的三脚架是首选，液压云台在灵活性和耐低温方面比较理想。

备一支独脚架在很多拍摄场合也会发挥作用。

滤光镜 紫外线、偏振光对成像的影响是数码摄影后期无法处理的，极地摄影 UV 镜和偏振镜是必备的。

UV 镜用于吸收波长在 400um 以下的紫外线，而对其他可见／不可见光线均无影响，可以排除紫外线对 CMOS 的干扰，有助于提高清晰度和色彩还原度，减弱因紫外线引起的蓝色调。

偏振镜消除或减弱非金属表面的强反光，从而消除或减轻光斑，在拍摄海面、大面积冰山等风光摄影中，可以消除反光，压暗天空等影响。

存储设备 数码拍摄，数据是最珍贵的，备两块硬盘备份拍摄数据是必须的。

防护和防水　鉴于极地旅游交通的特殊性，器材的防护和防水一定要做好。难得的极地旅游，携带摄影器材肯定是宁多勿少，且尽量高端、专业，避免抵达后因器材原因而留遗憾，优秀的器材加上稳妥的防护才能顺利完成极地旅行拍摄。

器材转运，可以选择摄影包或者器材箱。摄影包对器材有一定的保护性，体积轻便，便于背负，适合携带小批量器材。拖杆器材箱装重型器材可以减少出行负重，比较适合南极、北极乘船前往。拖杆箱登船后放置妥当，登岛换乘冲锋舟时再选择适用的器材随身携带。

PELICAN 等品牌的防水器材箱防护性能优越，不足之处是体积和自重。如果托运和转运不受限制，可以根据器材需要选择。

必备随身防水袋，极地登岛或者巡游都需要乘坐冲锋舟。遇到风浪时，乘客常会被海水打湿，海水具有很强的腐蚀性，对摄影器材而言是致命的。携带摄影包乘坐冲锋舟最好给摄影包套上防雨罩，随身携带器材装入防水袋；或者用防水袋把相机包起来再放进摄影包，更加稳妥。

乘坐冲锋舟过程中随身携带相机抓拍，备一条吸水毛巾，可以包裹在器材外防止器材被海水打湿；也可以用来快速擦干被打湿的器材。

第二节　极地摄影技术参数

南极最佳的旅行季是南半球的夏天，从 11 月～次年 3 月，是南极生物最活跃、景物变化最多端，也是气温相对最高、最适合旅行的时期。

南极仍然是一片洁白的冰雪世界，绝大部分岛屿还被厚厚的冰雪覆盖着，只有山脉顶端的岩石开始裸露出来，对风光摄影来说，像水墨画一般。南极夏季海面上的浮冰很多，行驶在深蓝的海面上经常会遭遇巨大的浮冰。

北极刚好相反，最佳旅行时间是北半球的夏天，7 月、8 月的北极处于极昼，几乎没有黑夜，相对来说是最暖和的，冰层也是最薄的。想看北极光的话，通常在夏至前后看到的可能性最大。拍摄北极熊的最佳时间是在 11 月份海面逐渐冰封，北极熊结队觅食时。

极地摄影拍摄最多的对象是风光、动物，拍摄这些景象最重要的是曝光参数的技术控制。

主流数码相机的测光系统，测定取景景物透过镜头反射入机身的光线，相机是以 18% 中间灰调为基准，把被测光区域反光率模拟为 18% 中间灰调，然后计算确定光圈和快门的数值。

拍摄耀眼的冰雪，依旧设置相机自动曝光，雪是灰色的，原因找到了——相机把反射率可以达到 90% 的全白的冰雪场景，依据 18% 中间灰调来评测，导致给出的曝光值不足。解决办法有三种。

1. 使用入射式测光表读取环境光线数据作为曝光依据。

2. 在现场环境光下，用相机对准标准灰板，读取的曝光数据可以作为曝光依据。

3. 根据经验增加曝光补偿，在冰雪环境下判断相机自动测光给出的曝光数据欠曝，补偿增加曝光来还原冰雪影调。这是在极地冰雪摄影中获得好照片的技术控制基础。

如果拍摄反光率低于 18% 的场景，例如暮色中的冰山等非常暗的背景，拍出的照片往往会过曝，暮色影调变灰，色彩灰淡。那么，拍摄反光率低于 18% 的场景，需要做曝光补偿减，这就是通俗的"白加黑减"曝光原理。

第三节　极地摄影重点推荐

11 月份，企鹅从北方温暖水域游回繁殖地，准备筑巢和繁殖。大部分半岛的陆地还被冰雪覆盖，企鹅们努力寻找并霸占没有被冰雪覆盖的地方筑巢。越早筑巢就意味着越早繁殖，越早孵化，小企鹅也会有越长的时间来成长。

这时候要隐蔽并耐心守候在企鹅群的周围，仔细观察，衔石头返回巢穴的企鹅是焦点，发生纷争的企鹅也是焦点，一般有纷争苗头，镜头立刻对准，激烈的争抢即将开始。没有积雪的裸露地面很紧俏，企鹅巢非常拥挤，邻里之间经常爆发冲突，尤其是帽带企鹅特别易怒。

· 关注题材

成年企鹅下海吃饱了磷虾，回家后从嗉囊里挤出磷虾，嘴对嘴地喂给小企鹅。喂食的过程很温馨。小企鹅包裹着厚厚的绒毛，呆萌可爱，与成年企鹅形成鲜明的对比。

企鹅下海捕食一般是群体活动，下水和上岸都是排队进行。找到合适的角度，以及理想的环境背景，等待企鹅群进入镜头，高速快门、高速连续拍摄。

在陆地上行走笨拙的企鹅，到了海里就变得非常灵活，它们在水里快速前游、跃出水面的动作都非常优美。船上、登陆点的岸边都可以看到跃出水面的企鹅。企鹅跃出水面的瞬间很难抓拍住，它们在水下太灵活、跃出水面的速度太快了，需要耐心和判断，看到它们有出水迹象就立刻连拍。

贼鸥是小企鹅的天敌，贼鸥活动在企鹅群边，成年企鹅稍有疏忽，贼鸥就冲进企鹅群，抢走小企鹅。贼鸥的动作突然，迅速发动进攻，拍摄前需要仔细观察，有预判和灵敏的反应。

白鞘嘴鸥也盘旋在空中，成年企鹅稍微放松，白鞘嘴鸥就立刻俯冲下落抢企鹅蛋或小企鹅。

这是南极地区大自然残酷的一面。贼鸥在企鹅群边伺机抢食小企鹅，企鹅栖息地附近散落着企鹅尸骨。

南极地区还生活着大量的海豹。在陆地上，它们笨重的身躯移动缓慢，在水中就变成了游泳高手，比较难拍到。

船游南极，沿途海豚、鲸时常出现，座头鲸、小须鲸、虎鲸都是南极水域常见的鲸。

座头鲸喜欢跟随邮轮，它们露出尾鳍潜水的招牌动作比较容易被拍到。座头鲸浮出水面换气时，可以拍到它们的鼻孔和喷出的水雾。但是鲸露头就很难拍摄了。构图时把冰山、浮冰作为背景，处理好画面，会得到非常完美的南极风光大片。

· 关注气象

船游南极，整个旅程近三分之二的时间在船上度过。愈接近南极半岛，气象愈变幻莫测。每天短暂的日出和日落，是非常好的拍摄时间。

夕阳，雪山映射着金色色调非常壮观，巨大的冰山像金子一般。这时候，由于背景暗，与光线照射到的地方反差巨大，曝光注意酌情减少。

第四节　极地摄影经验

初去极地旅游的游客都是没有极地摄影经验的，因此查攻略、参阅去过极地拍摄的旅客的总结就显得非常重要，从中可以获得极地摄影的宝贵经验。

· 探险队员、向导的经验

这点非常重要，每个行程阶段、每次登陆，探险队员和向导都会介绍该阶段行程或者登陆点的特色、活动的区域等信息。探险队员能够较详细地推荐值得关注的场景，我们也可以从自己感兴趣的拍摄角度提出询问。

· 拍摄野生动物

　　由于地域物种差异，旅行中难得一见的极地动物自然就成为最具吸引力的拍摄对象之一。企鹅、海豹、北极熊是最受欢迎的，但是拍摄注意不干扰它们自然的生活状态，这样才能抓拍到它们最自然的瞬间。

　　我们适当隐蔽或安静、稳定下来，动物会逐渐放松警觉，甚至可能走到镜头面前。

· 变换视角

　　南极禁止携带无人机，所以在拍摄时，只能依靠人的站位移动来变换视角。

　　例如，在企鹅繁殖季节，幼企鹅褪毛时，褐色的幼企鹅漫山遍野，站在比较高的位置才可以拍出壮观的全景；当企鹅靠近时，除了正常视角之外，试试蹲下，与企鹅的眼睛平视，会发现企鹅更加可爱了；如果有企鹅主动接近，试着趴下来或是把相机放在地上，仰拍企鹅，把企鹅主体压在幽蓝的南极天空上，会得到不同寻常的视觉效果。

· 选定目标避免走马观花

　　极地旅游登岛要遵守严格的线路和范围，登岛前做好拍摄计划，选准拍摄内容，否则在登岛的宝贵时间内，可能会留有遗憾。

上岛前仔细了解每个登陆点的特色和重点，向探险队员和向导请教在哪里拍摄更有意思。登岛后，锁定自己的拍摄目标，耐心拍摄，这样才能拍到满意的好照片。

· 船行看景也出大片

极地乘船旅游，要在船上度过三分之二的时光。不要在船舱里睡大觉，船好似移动的小岛，从起锚开始到南极半岛，随着逐渐靠近极地，沿途早晚光线、变幻莫测的气象、各种形状的冰山以及靠近半岛航线的勒梅尔水道、纽梅耶水道，都风景如画。

船也是拍摄野生动物的好地方。南极的天空从来不缺飞鸟，信天翁、暴雪鹱、蓝眼鸬鹚、巨鹱、燕鸥等，不停地从空中掠过，无论是它们飞行的特写还是与邮轮�杆组成的美好画面，都值得记录。鲸、海豹和企鹅则会在海面上给我们惊喜，它们换气、跃出水面和在冰山上嬉戏，都是非常自然的画面。